DRAW THE FACE IMAGE IN WATER

SHADOW   WATER

WATER, SHADOW
THE WATER IMAGE PAINTED FACE

U0214267

第3章　文件的基本操作
综合实例：完成文件处理的整个流程

第4章　图像的基本编辑方法
练习实例：使用自由变换为电视机换频道

第10章　通道的应用
练习实例：使用通道抠图为长发美女换背景

第5章　选区与抠图常用工具
综合实例：制作现代感宣传招贴

第7章　文字的艺术
练习实例：使用点文字、段落文字制作杂志版式

第6章　图像绘制与修饰
练习实例：使用"仿制图章工具"修补草地

第6章　图像绘制与修饰
练习实例：通过设置"形状动态"绘制大小不同的心形

第6章　图像绘制与修饰
视频陪练：使用"模糊工具"模拟景深效果

第13章　滤镜
练习实例：使用"液化"滤镜为美女瘦身

第9章　图像颜色调整
视频陪练：使用"可选颜色"命令制作LOMO色调照片

第10章　图层的操作
练习实例：使用混合模式制作手掌怪兽

第11章　图层的操作
练习实例：添加图层样式制作钻石效果

第6章　图像绘制与修饰
练习实例：使用"渐变工具"制作质感按钮

自学视频教程

Photoshop CS6
中文版基础培训教程

亿瑞设计　编著

清华大学出版社
北京

内 容 简 介

《Photoshop CS6 中文版基础培训教程》全面、系统地介绍了Photoshop CS6 的基本操作方法和图形图像处理技巧，包括进入Photoshop CS6的世界、图像处理的基础知识、文件的基本操作、图像的基本编辑方法、选区与抠图常用工具、图像绘制与修饰、文字的艺术、矢量工具与路径、图像颜色调整、图层的操作、蒙版、通道的应用、滤镜、打印输出，以及综合实战等内容。

本书内容均以课堂案例为主线，通过对各案例的实际操作，使读者可以快速上手，熟悉软件功能和艺术设计思路。书中的软件功能解析部分能够使读者深入学习软件的使用方法；视频陪练和实战案例可以拓展读者的实际应用能力，提高软件操作技巧；综合案例实训可以帮助读者快速地掌握商业图形图像的设计理念和设计元素，顺利达到实战水平。

本书适合Photoshop 的初学者阅读，同时可作为相关教育培训机构的教学用书。

图书在版编目（CIP）数据

Photoshop CS6中文版基础培训教程 /亿瑞设计编著. —北京：清华大学出版社，2019(2022.9重印)

自学视频教程

ISBN 978-7-302-50608-9

I. ①P… II. ①亿… III. ①图像处理软件－教材 IV. ①TP391.413

中国版本图书馆CIP数据核字（2018）第151302号

责任编辑：贾小红
封面设计：闰江文化
版式设计：楠竹文化
责任校对：赵丽杰
责任印制：曹婉颖

出版发行：清华大学出版社
   网 址：http://www.tup.com.cn，http://www.wqbook.com
   地 址：北京清华大学学研大厦A座   邮 编：100084
   社 总 机：010-83470000   邮 购：010-62786544
   投稿与读者服务：010-62776969，c-service@tup.tsinghua.edu.cn
   质量反馈：010-62772015，zhiliang@tup.tsinghua.edu.cn
印 装 者：三河市铭诚印务有限公司
经 销：全国新华书店
开 本：203mm×260mm 印 张：14 插 页：2 字 数：406千字
版 次：2019年2月第1版   印 次：2022年9月第4次印刷
定 价：59.80元

产品编号：079123-01

前 言

Photoshop 作为 Adobe 公司旗下最著名的图像处理软件之一，其应用范围覆盖数码照片处理、平面设计、视觉创意合成、数字插画创作、网页设计、交互界面设计等几乎所有设计方向，深受广大艺术设计人员和电脑美术爱好者的喜爱。

本书内容编写特点

1. 零起点，入门快

本书以入门者为主要读者对象，通过对基础知识细致入微的介绍，辅以对比图示效果，结合中小实例，对常用工具、命令、参数等做了详细的介绍，同时给出了技巧提示，确保读者零起点、轻松快速入门。

2. 精选知识、内容实用

本书着重挑选 Photoshop 最为常用的工具、命令的相关功能进行讲解，内容实用、易学。

3. 实例精美、实用

本书的实例均经过精心挑选，确保在实用的基础上精美、漂亮，一方面熏陶读者朋友的美感，另一方面让读者在学习中享受美的世界。

4. 编写思路符合学习规律

本书在讲解过程中采用了"理论讲解+技术拓展+实战案例+视频陪练+综合实例+答疑解惑+技巧提示"的模式，符合轻松易学的学习规律。

5. 随时随地扫码学习

本书配套教学视频均可扫码观看。拿出手机，扫一扫二维码，随时随地轻松观看教程。

本书显著特色

1. 同步视频讲解，让学习更轻松、更高效

82 集高清同步视频扫码观看，涵盖全书几乎所有实战案例，让学习更轻松、更高效！

2. 资深讲师编著，让图书质量更有保障

作者系经验丰富的专业设计师和资深讲师，确保图书实用、好学。

3. 精美实战案例，通过动手加深理解

案例操作讲解详细，中小实例达到 82 个，为的是能让读者深入理解、灵活应用。

4. 商业案例，让实战成为终极目的

通过不同类型的案例练习，积累实战经验，为工作和就业搭桥。

5. 超值学习套餐，让学习更方便、快捷

本书附送 Photoshop 5 大核心技术案例 49 个；3 大热门行业实战案例 14 个；104 集 Photoshop 精讲视频；18 集 Camera Raw 新手学精讲视频；6 大不同类型的笔刷、图案、样式等库文件；21 类常用设计素材，总计 1106 个；5 本色彩、构图、滤镜方向的实用电子书；常用颜色色谱表。

本书适合人群

本书以入门者为主要读者对象，适合初级专业从业人员、各大院校的专业学生、Photoshop 爱好者，同时也适合作为高校教材、社会培训教材使用。

本书配套资源

本书提供了极为丰富的配套学习资源，可通过扫描封底"文泉云盘"二维码获取下载方式，内容包括：

（1）本书配套实例的教学视频、源文件、素材文件，读者可观看视频，调用配套资源中的素材，按照书中的操作步骤进行操作。

（2）Photoshop 5 大核心技术（合成、抠图、特效、调色、修图）案例 49 个，包括教学视频、素材、源文件、效果图。

（3）3 大热门行业（UI 界面设计、VI 品牌设计、淘宝美工设计）实战案例 14 个，包括教学视频、素材、源文件、效果图。

（4）6 大不同类型的库文件，包括笔刷、图案、样式、动作、渐变、形状。

（5）21 类经常用到的设计素材总计 1106 个，方便读者使用。

（6）附赠《Photoshop 滤镜使用手册》《色彩设计搭配手册》《构图技巧实用手册》《色彩印象实用手册》《设计 & 色彩实用手册》和常用颜色色谱表，设计色彩搭配不再烦恼。

（7）104 集 Photoshop 精讲视频，使读者快速学会 Photoshop 基础操作。

（8）18 集 Camera Raw 新手学精讲视频，使读者精通 Camera Raw 修图技法。

本书服务

1. Photoshop CS6 软件获取方式

本书的配套资源中不包括 Photoshop CS6 软件，读者朋友需获取 Photoshop CS6 软件并安装后，才可进行图像处理等操作，Photoshop CS6 中文版软件可通过如下方式获取。

（1）访问 https://www.adobe.com/cn/，购买正版或下载试用版软件。

（2）到当地代理商处咨询购买。

2. 微课视频学习

扫描封底刮刮卡二维码，绑定扫码权限，再扫描书中二维码，可在手机上观看对应的教学视频，随时随地学习。

关于作者

本书由亿瑞设计工作室组织编写，瞿颖健和曹茂鹏参与了本书的主要编写工作。另外，由于本书工作量较大，以下人员也参与了本书的编写及资料整理工作，他们是：瞿玉珍、王萍、董辅川、瞿雅婷、瞿学严、杨宗香、瞿学统、王爱花、李芳、瞿云芳、韩坤潮、瞿秀英、韩财孝、韩成孝、朱菊芳、尹玉香、尹文斌、邓志云、曹元美、曹元钢、曹元杰、张吉太、孙翠莲、唐玉明、李志瑞、李晓程、朱于凤、石志庆、张玉美、仲米华、张连春、张玉秀、孙晓军、樊清英、瞿红弟、瞿学儒、薛玉兰、瞿强业、何玉莲、马会兰、马世英、瞿君业、瞿玲、瞿小艳、瞿秀芳、尹高玉、尹菊兰等，在此一并表示感谢。由于时间仓促，加之水平有限，书中难免存在错误和不妥之处，敬请广大读者批评和指正。

编 者

82集大型高清同步视频讲解

Chapter 01
第1章

进入Photoshop CS6的世界

Photoshop是Adobe公司旗下最为著名的集图像扫描、编辑修改、图像制作、广告创意及图像输入与输出于一体的图形图像处理软件,深受广大平面设计人员和计算机美术爱好者的喜爱。

本书Photoshop除非特指版本,均指Photoshop CS6。

本章学习要点:

- 关于Photoshop CS6
- 了解Photoshop的应用领域
- 熟悉Photoshop的工作界面
- 掌握图像窗口的查看与调整方式

初识Photoshop CS6

1.1.1 关于 Photoshop CS6

Photoshop是Adobe公司旗下最为著名的集图像扫描、编辑修改、图像制作、广告创意及图像输入与输出于一体的图形图像处理软件，深受广大平面设计人员和计算机美术爱好者的喜爱。

Adobe Photoshop CS6仍然支持主流的Windows和Mac OS 操作平台。Adobe推荐使用64位硬件及操作系统，尤其是Windows 7 64-bit、Mac OS X 10.6.x或Mac OS X 10.7.x。Photoshop将继续支持Windows XP，但不支持非64位Mac。需要注意的是，如果在Windows XP系统下安装Photoshop CS6 Extended，3D功能和光照效果滤镜等某些需要启动GPU的功能将不可用。Photoshop CS6有标准版和扩展版两个版本，如图1-1所示。

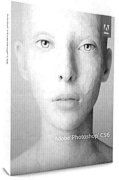

Adobe Photoshop CS6 标准版

Adobe Photoshop CS6 Extended 扩展版

图1-1

○ Adobe Photoshop CS6：使用了功能强大的摄影工具以及可实现出众的图像选择、图像润饰和逼真绘画的突破性功能，适用于摄影师、印刷设计人员等。

○ Adobe Photoshop CS6 Extended：包含 Photoshop CS6 中的所有高级编辑和合成功能，以及可处理 3D 和基于动画内容的工具，适用于视频专业人士、跨媒体设计人员、Web 设计人员、交互式设计人员等。

1.1.2 了解Photoshop的应用领域

作为Adobe公司旗下最为著名的图像处理软件，Photoshop的应用领域非常广泛，覆盖平面设计、数字出版、网络传媒、视觉媒体、数字绘画、先锋艺术创作等领域。

○ 平面设计：平面设计师应用最多的软件莫过于 Photoshop 了。由于平面设计中 Photoshop 可应用的领域非常广，无论是书籍装帧、招贴海报、杂志封面，还是 Logo 设计、VI 设计、包装设计，都可以使用 Photoshop 制作或辅助处理，如图1-2～图 1-5 所示。

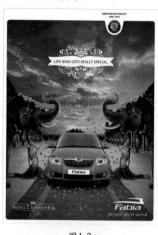

图1-2　　　　　　　　图1-3　　　　　　　　图1-4　　　　　　　　图1-5

○ 数码照片处理：在数字时代，Photoshop 的功能不仅局限于对照片进行简单的图像修复，还可应用于商业片的编辑、创意广告的合成、婚纱写真照片的制作。毫无疑问，Photoshop 是数码照片处理的必备"利器"，它具有强大的图像修补、润饰、调色、合成等功能，通过这些功能可以快速修复数码照片上的瑕疵或者制作艺术效果，如图1-6～图 1-8 所示。

○ 网页设计：在网页设计中，除了著名的"网页三剑客"——Dreamweaver、Flash、Fireworks 之外，网页中的很多元素也需要在 Photoshop 中进行制作。因此，Photoshop 是美化网页必不可少的工具，如图1-9 和图 1-10 所示。

○ 数字绘画：Photoshop 不仅可以针对已有图像进行处理，更可以帮助艺术家创造新的图像。Photoshop 中也包括众多优秀的绘画工具，使用 Photoshop 可以绘制各种风格的数字艺术作品，如图 1-11 和图 1-12 所示。

图 1-6 　　　　　　　　图 1-7 　　　　　　　　　图 1-8 　　　　　　　　　　图 1-9

图 1-10 　　　　　　　　　　图 1-11 　　　　　　　　　　图 1-12

　　界面设计：界面设计也就是通常所说的 UI（User Interface，用户界面）。界面设计虽然是设计中的新兴领域，但也越来越受到重视。使用 Photoshop 进行界面设计制作是非常好的选择，如图 1-13 和图 1 14 所示。

图 1-13 　　　　　　　　　　　　　　　　图 1-14

　　三维设计：三维设计比较常见的几种形态有室内外效果图、三维动画电影、广告包装、游戏制作、CG 插画设计等，Photoshop 主要用来绘制编辑三维模型表面的贴图，另外还可以对静态的效果图或 CG 插画进行后期修饰，如图 1-15 和图 1-16 所示。

　　新锐视觉艺术：这里所说的视觉艺术是近年来比较流行的一种创意表现形态，可以看作设计艺术的一个分支，此类设计通常没有非常明显的商业目的，但由于它为广大设计爱好者提供了无限的设计空间，因此越来越多的设计爱好者都开始注重视觉创意，并逐渐形成属于自己的一套创作风格，如图 1-17 和图 1-18 所示。

图 1-15

图 1-16 　　　　　　　　　图 1-17 　　　　　　　　　　图 1-18

　　文字设计：文字设计也是当今新锐设计师比较青睐的一种表现形态，利用 Photoshop 中强大的合成功能可以制作出各种质感、特效文字，如图 1-19～图 1-22 所示。

图1-19

图1-20

图1-21

图1-22

1.2 Photoshop CS6的安装与卸载

想要学习和使用 Photoshop CS6，首先需要学习正确安装该软件。Photoshop CS6 的安装与卸载过程并不复杂，与其他应用软件大致相同。由于 Photoshop CS6 是制图类设计软件，所以对硬件设备会有相应的配置需求。

1.2.1　安装Photoshop CS6的系统要求

Windows

- Intel® Pentium® 4 或 AMD Athlon® 64 处理器。
- Microsoft® Windows® XP*（装有 Service Pack 3）或 Windows 7（装有 Service Pack 1）。
- 1GB 内存。
- 1GB 可用硬盘空间用于安装；安装过程中需要额外的可用空间（无法安装在可移动闪存设备上）。
- 1024×768 分辨率（建议使用 1280×800），16 位颜色和 512 MB 的显存。
- 支持 OpenGL 2.0 系统。
- DVD-ROM 驱动器。

Mac OS

- Intel 多核处理器（支持 64 位）。
- Mac OS X 10.6.8 或 10.7 版。
- 1GB 内存。
- 2GB 可用硬盘空间用于安装；安装过程中需要额外的可用空间（无法安装在使用区分大小写的文件系统的卷或可移动闪存设备上）。
- 1024×768 分辨率（建议使用 1280×800），16 位颜色和 512 MB 的显存。
- 支持 OpenGL 2.0 系统。
- DVD-ROM 驱动器。

1.2.2　安装Photoshop CS6

（1）将安装光盘放入光驱中，然后在光盘根目录Adobe CS6文件夹中双击Setup.exe文件，或从Adobe官方网站下载试用版，运行Setup.exe文件。运行安装程序后开始初始化，如图1-23所示。

（2）初始化完成后，在"欢迎"界面中可以选择"安装"或"试用"，如图1-24所示。

图1-23

图1-24

（3）如果在"欢迎"界面中单击"安装"，则会弹出"Adobe软件许可协议"界面，阅读许可协议后单击"接受"按钮，如图1-25所示。在弹出的"序列号"界面中输入安装序列号，如图1-26所示。

图1-25   图1-26

如果在"欢迎"界面中单击"试用"，在弹出的"登录"界面中输入Adobe ID，并单击"登录"按钮即可，如图1-27所示。

（4）接着在"选项"界面中选择合适的语言，并设置合适的安装路径，然后单击"安装"按钮开始安装，如图1-28所示。

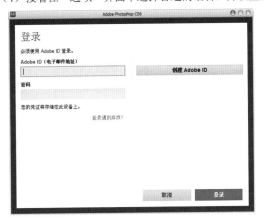

图1-27

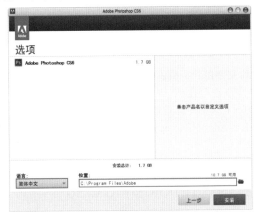

图1-28

（5）安装完成以后显示"安装完成"界面，如图1-29所示。在桌面上双击Photoshop CS6的快捷图标，即可启动Photoshop CS6，如图1-30所示。

图1-29

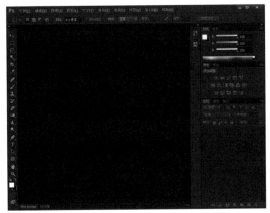

图1-30

1.2.3　卸载Photoshop CS6

首先打开"控制面板"窗口，然后双击"添加或删除程序"图标，打开"添加或删除程序"窗口，接着选择Adobe Photoshop CS6，最后单击"删除"按钮，即可卸载Photoshop CS6，如图1-31和图1-32所示。

图1-31

图1-32

1.3 Photoshop CS6的启动与退出

1.3.1 启动Photoshop CS6

成功安装Photoshop CS6之后，可以单击桌面左下角的"开始"按钮，打开程序菜单并选择Adobe Photoshop CS6命令即可启动Photoshop CS6，或者双击桌面上的Adobe Photoshop CS6快捷图标，如图1-33所示。

图1-33

1.3.2 退出Photoshop CS6

若要退出Photoshop CS6，可以像其他应用程序一样单击右上角的关闭按钮，或执行"文件>退出"命令，如图1-34所示；也可以使用退出快捷键Ctrl+Q。

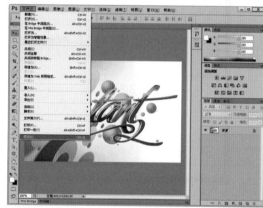

图1-34

1.4 熟悉Photoshop CS6的界面与工具

1.4.1 熟悉Photoshop CS6的界面

随着版本的不断升级，Photoshop的工作界面布局也更加合理、更加人性化。Photoshop CS6的工作界面包括菜单栏、选项栏、标题栏、工具箱、状态栏、文档窗口以及各种面板，如图1-35所示。

菜单栏：Photoshop CS6 菜单栏中包含多组主菜单，单击相应的主菜单，即可打开其子菜单。

标题栏：打开一个文件后，Photoshop会自动创建一个标题栏。在标题栏中会显示这个文件的名称、格式、窗口缩放比例以及颜色模式等信息。

文档窗口：显示打开图像的地方。

图1-35

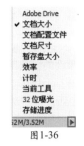

图1-36

工具箱：工具箱中集合了 Photoshop CS6 的大部分工具。工具箱可以折叠显示或展开显示。单击工具箱顶部的折叠图标◀◀/▶▶即可切换工具箱的单栏模式和双栏模式。

选项栏：主要用来设置工具的参数选项，不同工具的选项栏不同。

面板：主要用来配合图像的编辑、控制操作以及设置参数等。想要打开某个面板，可以执行"窗口"菜单下的子命令。

状态栏：位于工作界面的最底部，可以显示当前文档的大小、文档尺寸、当前工具和窗口缩放比例等信息，单击状态栏中的三角形图标▶可以设置要显示的内容，如图1-36所示。

1.4.2 Photoshop CS6工具详解

单击一个工具的图标，即可选择该工具，如果工具图标的右下角带有三角形图标，表示这是一个工具组，在工具图标上右击即可弹出隐藏的工具。如图1-37所示是工具箱中所有隐藏的工具。

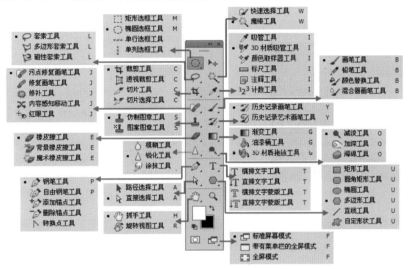

图1-37

1.5 工作区域的设置

Photoshop中的工作区包括文档窗口、工具箱、菜单栏和各种面板。Photoshop提供了适合于不同任务的预设工作区，并且可以存储适合于个人的工作区布局，如图1-38和图1-39所示分别为"绘画"与"排版规则"工作区。

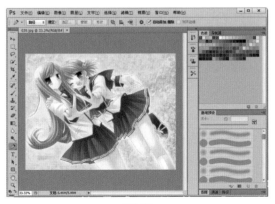

图1-38

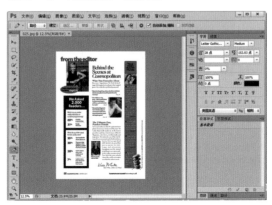

图1-39

1.5.1 选择预设工作区

执行"窗口>工作区"命令，在子菜单中可以选择系统预设的一些工作区，如3D工作区、"动感"工作区、"绘画"工作区、"摄影"工作区、"排版规则"工作区等，单击即可切换工作区布局，不同的布局面板显示的内容不相同，如图1-40所示。

图1-40

1.5.2 更改界面颜色方案

Photoshop CS6默认的界面颜色为较暗的深色，如图1-41所示。如果想要更改界面的颜色方案，可以执行"编辑>首选项>界面"命令，在"外观"组中可以选择适合自己的颜色方案，本书使用的是最后一种颜色方案，如图1-42所示。

图1-41

图1-42

1.6 查看与调整图像窗口

在Photoshop中打开多个文件时，选择合理的方式查看图像窗口可以更好地对图像进行编辑。查看图像窗口的方式包括图像的缩放级别、多种图像的排列形式、多种屏幕模式、使用导航器查看图像、使用"抓手工具"查看图像等，如图1-43和图1-44所示。

图1-43

图1-44

1.6.1 调整文档的排列形式

在Photoshop中打开多个文档时，用户可以选择文档的排列方式。在"窗口>排列"菜单下可以选择一个合适的排列方式，如图1-45所示。

👉 将所有内容合并到选项卡中：当选择"将所有内容合并到选项卡中"方式时，窗口中只显示一个图像，其他图像将最小化到选项卡中，如图 1-46 所示。

👉 层叠："层叠"方式是从屏幕的左上角到右下角以堆叠和层叠的方式显示未停放的窗口，如图 1-47 所示。

将所有内容合并到选项卡中

层叠(D)
平铺
在窗口中浮动
使所有内容在窗口中浮动

匹配缩放(Z)
匹配位置(L)
匹配旋转(R)
全部匹配(M)

图1-45

图1-46

图1-47

  平铺：当选择"平铺"方式时，窗口会自动调整大小，并以平铺的方式填满可用的空间，如图1-48所示。

  在窗口中浮动：当选择"在窗口中浮动"方式时，图像可以自由浮动，并且可以任意拖曳标题栏的方式来移动窗口，如图1-49所示。

  使所有内容在窗口中浮动：当选择"使所有内容在窗口中浮动"方式时，所有文档窗口都将变成浮动窗口，如图1-50所示。

图1-48

图1-49

图1-50

1.6.2 使用"缩放工具"

    "缩放工具"在实际工作中的使用频率相当高，如果想要查看图像中某区域的细节，就需要使用"缩放工具"。

    （1）打开一张图片文件，如图1-51所示。

    （2）在工具箱中单击"缩放工具"按钮 🔍 或按Z键，然后在选项栏中单击"放大"按钮 🔍，接着在画布中连续单击，可以不断地放大图像的显示比例，如图1-52所示。

    （3）在选项栏中单击"缩小"按钮 🔍，然后在画布中连续单击，可以不断地缩小图像的显示比例，如图1-53所示。

    （4）如果要以实际像素显示图像的缩放比例，可以在选项栏中单击"实际像素"按钮，如图1-54所示。或在画布中右击，然后在弹出的快捷菜单中选择100%命令，如图1-55所示。

图1-51

图1-52

图1-53

图1-54

（5）如果要以适合屏幕的方式显示图像，可以在选项栏中单击"适合屏幕"按钮，如图1-56所示。或在画布中右击，然后在弹出的快捷菜单中选择"按屏幕大小缩放"命令，如图1-57所示。

图1-55　　　　　　　　　　　　　　图1-56　　　　　　　　　　　　　　图1-57

（6）如果要在屏幕范围内最大化显示完整的图像，可以在选项栏中单击"填充屏幕"按钮，如图1-58所示。

（7）如果要以实际打印尺寸显示图像，可以在选项栏中单击"打印尺寸"按钮，如图1-59所示，或在画布中右击，然后在弹出的快捷菜单中选择"打印尺寸"命令，如图1-60所示。

图1-58　　　　　　　　　　　　　　图1-59　　　　　　　　　　　　　　图1-60

1.6.3　使用"抓手工具"

　　"抓手工具"与"缩放工具"一样，在实际工作中的使用频率相当高。当放大一个图像后，可以使用"抓手工具"将图像移动到特定的区域内查看图像。

（1）打开一张图片文件，如图1-61所示。

（2）在工具箱中单击"缩放工具"按钮 或按Z键，然后在画布中单击，将图像放大，如图1-62所示。

（3）在工具箱中单击"抓手工具"按钮 或按H键，激活"抓手工具"，此时光标在画布中会变成抓手形状 ，如图1-63所示。拖曳鼠标左键到其他位置即可查看该区域的图像，如图1-64所示。

图1-61

图1-62　　　　　　　　　　　　　　图1-63　　　　　　　　　　　　　　图1-64

辅助工具的使用

常用的辅助工具包括标尺、参考线和网格等，借助这些辅助工具可以进行参考、对齐、对位等操作。

1.7.1　使用参考线与标尺

参考线以浮动的状态显示在图像上方，可以帮助用户精确地定位图像或元素，并且在输出和打印图像时，参考线都不会显示出来。同时可以移动、删除以及锁定参考线。

（1）执行"文件>打开"命令，然后在弹出的对话框中选择图片文件，如图1-65所示。

图1-65

（2）执行"视图>标尺"命令或按Ctrl+R快捷键，此时窗口顶部和左侧会出现标尺，如图1-66所示。

（3）默认情况下，标尺的原点位于窗口的左上方，用户可以修改原点的位置。将光标放置在原点上，然后使用鼠标左键拖曳原点，画面中会显示出十字线，如图1-67所示。释放鼠标，释放处便成了原点的新位置，并且此时的原点数字也会发生变化，如图1-68所示。

图1-66

图1-67

图1-68

（4）如果要将原点复位到初始状态，即（0，0）位置，可以将光标放置在原点上，双击即可，如图1-69所示。

标尺在实际工作中经常用来定位图像或元素位置，从而让用户更精确地处理图像。

（1）打开一个图片文件，按Ctrl+R快捷键，可显示出标尺，如图1-70所示。

（2）将光标放置在水平标尺上，然后使用鼠标左键向下拖曳即可拖出水平参考线，如图1-71所示。

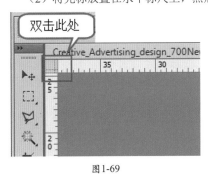
图1-69

图1-70

图1-71

（3）将光标放置在左侧的垂直标尺上，然后使用鼠标左键向右拖曳即可拖出垂直参考线，如图1-72所示。

（4）如果要移动参考线，可以在工具箱中单击"移动工具"按钮 ，然后将光标放置在参考线上，如图1-73所示。当光标变成分隔符形状 时，使用鼠标左键即可移动参考线，如图1-74所示。

（5）如果使用"移动工具"将参考线拖曳出画布之外，如图1-75所示，那么可以删除这条参考线，如图1-76所示。

（6）如果要隐藏参考线，可以执行"视图>显示额外内容"命令或按Ctrl+H快捷键，如图1-77和图1-78所示。

（7）如果需要删除画布中的所有参考线，可以执行"视图>清除参考线"命令，如图1-79和图1-80所示。

第1章　进入Photoshop CS6的世界

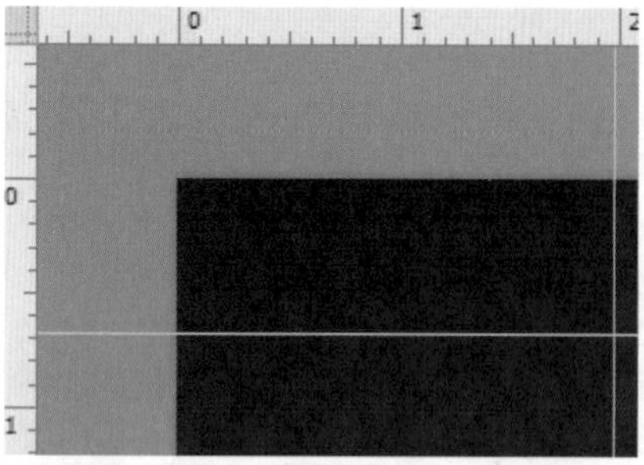

图1-72

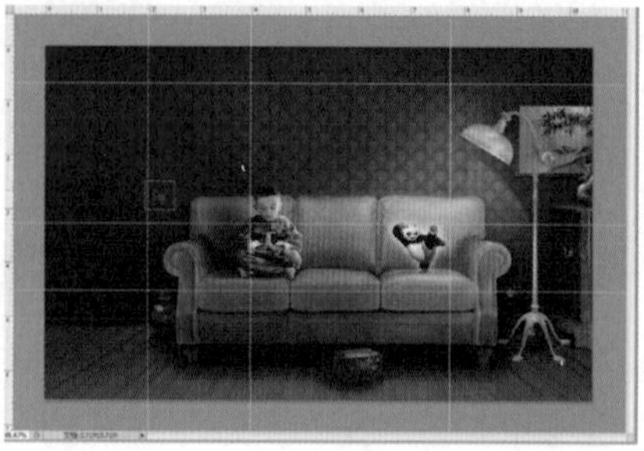

图1-73

图1-74

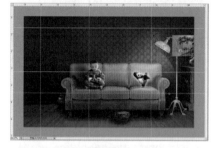

图1-75

图1-76

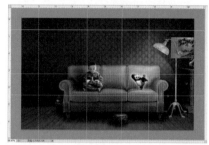

图1-77

图1-78

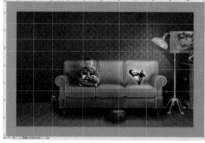

图1-79

图1-80

1.7.2 使用智能参考线

　　智能参考线可以帮助用户对齐形状、切片和选区。启用智能参考线后，当绘制形状、创建切片或选区时，智能参考线会自动出现在画布中。执行"视图>显示>智能参考线"命令，可以启用智能参考线，如图1-81所示为使用智能参考线和"切片工具"进行操作时的画布状态。

1.7.3 使用网格

　　网格主要用来对称排列图像，在默认情况下显示为不打印出来的线条，但也可以显示为点。执行"视图>显示>网格"命令，可以在画布中显示出网格，如图1-82所示。

图1-81

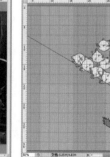

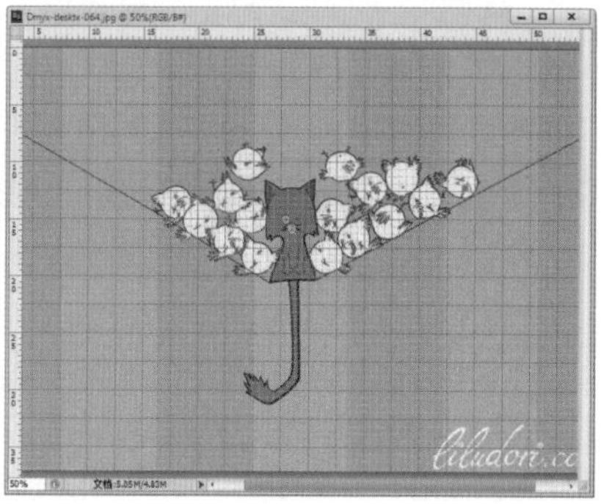

图1-82

Chapter 02
第2章

图像处理的基础知识

　　如果将一张图像放大到原图的 8 倍，可以发现图像发虚，而放大到 32 倍时，就可以清晰地观察到图像中有很多小方块，这些小方块就是构成图像的像素，这就是位图最显著的特点。位图图像在技术上被称为栅格图像，也就是通常所说的"点阵图像"或"绘制图像"。位图图像由像素组成，每个像素都会被分配一个特定位置和颜色值。相对于矢量图像，在处理位图图像时所编辑的对象是像素而不是对象或形状。

本章学习要点：

- 了解位图与矢量图像的差异
- 了解像素与分辨率
- 认识颜色模式

2.1 位图与矢量图像

2.1.1 什么是位图图像

如图 2-1 所示，如果将一张图像放大到原图的 8 倍，可以发现图像发虚，而放大到 32 倍时，就可以清晰地观察到图像中有很多小方块，这些小方块就是构成图像的像素，这就是位图最显著的特点。位图图像在技术上被称为栅格图像，也就是通常所说的"点阵图像"或"绘制图像"。位图图像由像素组成，每个像素都会被分配一个特定位置和颜色值。相对于矢量图像，在处理位图图像时所编辑的对象是像素而不是对象或形状。

1：1   8：1   32：1

图2-1

位图图像是连续色调图像，最常见的有数码照片和数字绘画，位图图像可以更有效地表现阴影和颜色的细节层次。如图 2-2～图 2-4 所示分别为位图、矢量图与矢量图的形状显示方式，可以发现位图图像表现出的效果非常细腻真实，而矢量图像相对于位图的过渡则显得有些生硬。

技巧提示

位图图像与分辨率有关，也就是说，位图包含了固定数量的像素。缩放位图尺寸会使原图变形，因为这是通过减少像素来使整个图像变小或变大的。因此，如果在屏幕上以高缩放比率对位图进行缩放或以低于创建时的分辨率来打印位图，则会丢失其中的细节，并且会出现锯齿现象。

图2-2   图2-3   图2-4

2.1.2 什么是矢量图像

矢量图像也称矢量形状或矢量对象，在数学上定义为一系列由线连接的点。比较有代表性的矢量软件有 Adobe Illustrator、CorelDraw、CAD 等。与位图图像不同，矢量文件中的图形元素称为矢量图像的对象，每个对象都是一个自成一体的实体，具有颜色、形状、轮廓、大小和屏幕位置等属性，所以矢量图形与分辨率无关，任意移动或修改矢量图形都不会丢失细节或影响其清晰度。当调整矢量图形的大小、将矢量图形打印到任何尺寸的介质上、在 PDF 文件中保存矢量图形或将矢量图形置入基于矢量的图形应用程序中时，矢量图形都将保持清晰的边缘，如图 2-5 所示是将矢量图像放大 5 倍以后的效果，可以发现图像仍然保持清晰的颜色和锐利的边缘。

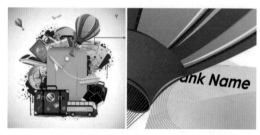

图2-5

答疑解惑——矢量图像主要应用在哪些领域？

矢量图像在设计中应用得比较广泛，如常见的室外大型喷绘。为了保证放大数倍后的喷绘质量，又需要在设备能够承受的尺寸内进行制作，所以使用矢量软件进行制作非常合适。另一种是网络中比较常见的 Flash 动画，因其独特的视觉效果以及较小的空间占用量而广受欢迎。矢量图像的每一点都有自己的属性，因此放大后不会失真，而位图由于受到像素的限制，放大后会失真模糊。

Photoshop CS6 中文版基础培训教程

14

2.2 像素与分辨率

在计算机图像世界中存在两种图像类型：位图图像和矢量图像。通常情况下所说的在 Photoshop 中进行图像处理是指对位图图像进行修饰、合成以及校色等，而图像的尺寸及清晰度则是由图像的像素与分辨率来控制的。

2.2.1 什么是像素

像素是构成位图图像的最基本单位。在通常情况下，一张普通的数码相片必然有连续的色相和明暗过渡，如图 2-6 所示。如果把数字图像放大数倍，则会发现这些连续色调是由许多色彩相近的小方点组成，这些小方点就是构成图像的最小单位——像素，如图 2-7 所示。

构成一幅图像的像素点越多，色彩信息越丰富，效果就越好，当然文件所占的空间也就越大。在位图中，像素的大小是指沿图像的宽度和高度测量出的像素数目。

图2-6

图2-7

2.2.2 什么是分辨率

这里所说的分辨率是指图像分辨率，用于控制位图图像中的细节精细度，测量单位是像素 / 英寸（ppi），每英寸的像素越多，分辨率就越高。一般来说，图像的分辨率越高，印刷出来的质量就越好。如图 2-8 所示为两张尺寸和内容相同的图像，左图的分辨率为 300ppi，右图的分辨率为 72ppi，可以观察到这两张图像的清晰度有着明显的差异，即左图的清晰度明显高于右图。

分辨率为300ppi　　　分辨率为72ppi
图2-8

 技术拓展：分辨率的相关知识

分辨率（Resolution）可用于多个行业，它是衡量图像品质的一个重要指标，有多种单位和定义。

　图像分辨率：一幅具体作品的品质高低，通常用像素点（Pixel）的多少来加以区分。在图片内容相同的情况下，像素点越多，品质就越高，但相应的记录信息量也呈正比增加。

　显示分辨率：表示显示器清晰程度的指标，通常以显示器的扫描点（Pixel）多少来加以区分，如 800×600、1024×768、1280×1024、1920×1200 等，它与屏幕尺寸无关。

　扫描分辨率：扫描仪的采样精度或采样频率，一般用 ppi 或 dpi 来表示。ppi 值越大，图像的清晰度就越高。但扫描仪通常有光学分辨率和插值分辨率两个指标，光学分辨率是指扫描仪感光器件固有的物理精度，而插值分辨率仅表示了扫描仪对原稿的放大能力。

　打印分辨率：打印机在单位距离上所能记录的点数，因此，一般也用 ppi 来表示分辨率的高低。

2.2.3 查看图像的大小和分辨率

　　图像的分辨率和尺寸一起决定文件的大小及输出质量。在一般情况下，分辨率和尺寸越大，图形文件所占用的磁盘空间也就越多。另外，图像分辨率以及比例关系也会影响文件的大小，即文件大小与图像分辨率的平方成正比。如果保持图像尺寸不变，将图像分辨率提高一倍，那么文件大小将变成原来的 4 倍。

　　在 Photoshop 中，可以通过执行"图像 > 图像大小"命令打开"图像大小"对话框，在该对话框中就可以查看图像的大小及分辨率，如图 2-9 所示。

图2-9

2.3 图像的颜色模式

　　使用计算机处理数码照片经常会涉及"颜色模式"这一概念。图像的颜色模式是指将某种颜色表现为数字形式的模型，或者说是一种记录图像颜色的方式。在 Photoshop 中，颜色模式分为位图、灰度、双色调、索引颜色、RGB 颜色、CMYK 颜色、Lab 颜色和多通道 8 种模式，如图 2-10 所示。在画布上方的名称栏中可以查看图像的颜色模式及颜色深度信息，如图 2-11 所示。多种颜色模式之间的对比效果如图 2-12 所示。RGB 颜色模式是进行图像编辑处理时最常用的一种模式。而 CMYK 颜色模式是一种印刷模式，制作用于印刷的平面设计类作品需要使用这种颜色模式，以保证计算机显示的颜色与打印输出的颜色更加接近。

图2-10　　　　　　　　　　　　　　　　图2-11

位图模式　　　　灰度模式　　　　双色调模式　　　　索引颜色模式

RGB颜色模式　　　CMYK颜色模式　　　Lab颜色模式　　　多通道模式

图2-12

Chapter 03

第3章

文件的基本操作

在处理已有的图像时，可以直接在 Photoshop 中打开相应文件。如果需要从零开始进行制作，则需要创建新文件。

本章学习要点：

- 熟练掌握文件的新建、打开、保存、关闭等操作
- 掌握素材的置入方法

3.1 新建文件

在处理已有的图像时，可以直接在 Photoshop 中打开相应文件。如果需要从零开始进行制作，则需要创建新文件，如图 3-1 所示。

3.1.1 使用"文件>新建"命令新建文件

执行"文件 > 新建"命令或按 Ctrl+N 快捷键，打开"新建"对话框，在该对话框中可以设置文件的名称、尺寸、分辨率、颜色模式等，设置完毕后单击"确定"按钮，即可得到新的空白文件，如图 3-2 所示。

图3-1

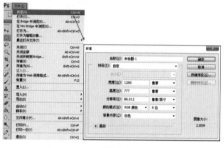

图3-2

🔘 **名称**：设置文件的名称，默认情况下的文件名为"未标题 -1"。如果在新建文件时没有对文件进行命名，可以通过执行"文件 > 存储为"命令对文件进行名称的修改。

🔘 **预设**：选择一些内置的常用尺寸，单击"预设"下拉列表即可进行选择。"预设"下拉列表中包括"剪贴板"、"默认 Photoshop 大小"、"美国标准纸张"、"国际标准纸张"、"照片"、Web、"移动设备"、"胶片和视频"和"自定"。

🔘 **大小**：用于设置预设类型的大小，在设置"预设"为"美国标准纸张"、"国际标准纸张"、"照片"、Web、"移动设备"或"胶片和视频"时，"大小"选项才可用，以"国际标准纸张"预设为例。

🔘 **宽度 / 高度**：设置文件的宽度和高度，其单位有"像素""英寸""厘米""毫米""点"等多种。

🔘 **分辨率**：用来设置文件的分辨率大小，其单位有"像素 / 英寸"和"像素 / 厘米"两种。在一般情况下，图像的分辨率越高，印刷出来的质量就越好。

🔘 **颜色模式**：设置文件的颜色模式以及相应的颜色深度，制作用于打印的文档需要设置为 CMYK 模式；制作用于在电子屏幕上显示的图像则需要选择 RGB 模式，例如网页等。

🔘 **背景内容**：设置文件的背景内容，有"白色""背景色"和"透明"3 个选项。如果设置"背景内容"为"白色"，那么新建出来的文件的背景色就是白色；如果设置"背景内容"为"背景色"，那么新建出来的文件的背景色就是背景色，也就是 Photoshop 当前的背景色；如果设置"背景内容"为"透明"，那么新建出来的文件的背景色是透明的，如图 3-3 所示。在 Photoshop 中灰白色棋盘格即为透明。

图3-3

3.1.2 创建一个用于打印的文件

（1）如果需要制作一个 A4 大小的印刷品，首先需要在 Photoshop 中创建一个新的文件，执行"文件 > 新建"命令或按 Ctrl+N 快捷键即可，如图 3-4 所示。

（2）打开"新建"对话框，单击"预设"下拉列表，选择"国际标准纸张"选项，在"大小"中选择 A4，此时"宽度"和"高度"数值自动出现，设置"分辨率"为 300，"颜色模式"为适用于印刷模式的"CMYK 颜色"，"背景内容"为"白色"，如图 3-5 所示。

图3-4

图3-5

（3）此时出现一个新的空白文档，如图3-6所示。之后可以在文档中进行相应的操作，如置入素材等，如图3-7所示。

图3-6   图3-7

3.2 打开文件

3.2.1 使用"打开"命令打开文件

在 Photoshop 中打开文件的方法有很多，执行"文件＞打开"命令，然后在弹出的对话框中选择需要打开的文件，接着单击"打开"按钮或双击文件即可在 Photoshop 中打开该文件，如图3-8所示，效果如图3-9所示。

图3-8

图3-9

 技巧提示

在灰色的 Photoshop 程序窗口中双击或按 Ctrl+O 快捷键，都可以弹出"打开"对话框。

- 查找范围：设置打开文件的路径。
- 文件名：显示所选文件的文件名。
- 文件类型：显示需要打开文件的类型，默认为"所有格式"。

 答疑解惑——为什么在打开文件时不能找到需要的文件？

如果出现这种问题，可能有两个原因：第1个原因是 Photoshop 不支持这个文件的格式；第2个原因是"文件类型"设置不正确，如设置"文件类型"为 JPG 格式，那么在"打开"的对话框中就只能显示这种格式的图像文件，这时可以设置"文件类型"为"所有格式"，这样就可以查看到相应的文件（前提是计算机中存在该文件）。

3.2.2　使用快捷方式打开文件

利用快捷方式打开文件的方法主要有以下 3 种。

🌑 选择一个需要打开的文件，然后将其拖曳到 Photoshop 的应用程序图标上，如图 3-10 所示。

🌑 选择一个需要打开的文件，然后右击，在弹出的快捷菜单中选择"打开方式 >Adobe Photoshop CS6"命令，如图 3-11 所示。

🌑 如果已经运行了 Photoshop，这时可以直接在 Windows 资源管理器中将文件拖曳到 Photoshop 的窗口中，如图 3-12 所示。

图3-10

图3-11

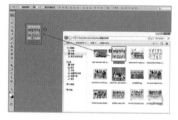
图3-12

3.3　置入文件

置入文件是指将照片、图片或任何 Photoshop 支持的文件作为智能对象添加到当前操作文档中。执行"文件 > 置入"命令，在弹出的对话框中选择需要置入的文件，单击"置入"按钮，如图 3-13 所示。随即选中的文件即可在 Photoshop 中打开，此时置入的文件将自动放置在画布的中间，同时文件会保持其原始长宽比。但是如果置入的文件比当前编辑的图像大，那么该文件将被重新调整到与画布相同大小的尺寸，如图 3-14 所示。

图3-13

图3-14

在置入文件之后，可以对作为智能对象的图像进行缩放、定位、斜切、旋转或变形操作，并且不会降低图像的质量。如图 3-15 所示。调整完成后按 Enter 键确定变换操作，如图 3-16 所示。此时置入的对象为智能对象，但是智能对象无法进行内容的编辑，所以操作完成之后可以将智能对象栅格化，转换为普通图层。选中新置入的智能对象图层，在图层上右击并执行"栅格化图层"命令，或者执行"图层 > 栅格化 > 智能对象"命令，都可将智能对象转换为普通图层，如图 3-17 所示。

图3-15

图3-16

图3-17

保存文件

Photoshop 文档编辑完成后需要对文件进行保存关闭。当然，在编辑过程中也需要经常保存。当 Photoshop 出现程序错误、计算机出现程序错误以及发生断电时，所有的操作都将丢失，如果在编辑过程中及时保存，则会避免很多不必要的损失。

3.4.1 利用"存储"命令保存文件

执行"文件 > 存储"命令或按 Ctrl+S 快捷键可以对文件进行保存，如图 3-18 所示。存储时将保留所做的更改，并且会替换掉上一次保存的文件，同时会按照当前格式和名称进行保存。如果是新建的一个文件，那么在执行"文件 > 存储"命令时，系统会弹出"存储为"对话框。

3.4.2 利用"存储为"命令保存文件

执行"文件 > 存储为"命令或按 Shift+Ctrl+S 组合键可以将文件保存到另一个位置或使用另一文件名进行保存。在弹出的窗口中设置合适的存储位置，选择合适的格式，然后单击"保存"按钮，如图 3-19 所示。

图3-18

- 文件名：设置保存的文件名。
- 格式：选择文件的保存格式。列表中包含大量图像格式，在进行存储时需要根据需要选择合适的格式。通常可以将制作好的工程文件存储为 .PSD 格式，这种格式可以保存 Photoshop 的图层等信息，方便之后进行继续编辑。还可以再存储为 .JPG 格式的图像，方便预览、传输或者上传到网站页面。
- 作为副本：选中该复选框，可以另外保存一个副本文件。
- 注释 /Alpha 通道 / 专色 / 图层：可以选择是否存储注释、Alpha 通道、专色和图层。
- 使用校样设置：将文件的保存格式设置为 EPS 或 PDF 时，该选项可用。选中该复选框后，可以保存打印用的校样设置。
- ICC 配置文件：可以保存嵌入在文档中的 ICC 配置文件。
- 缩览图：为图像创建并显示缩览图。
- 使用小写扩展名：将文件的扩展名设置为小写。

图3-19

关闭文件

图像编辑完并进行保存后，需要关闭文件。Photoshop 中提供了多种关闭文件的方法，如图 3-20 所示。

3.5.1 使用"关闭"命令关闭文件

执行"文件 > 关闭"命令、按 Ctrl+W 快捷键或者单击文档窗口右上角的"关闭"按钮⊠，可以关闭当前处于激活状态的文件，如图 3-21 所示。使用这些方法关闭文件时，其他文件将不受任何影响。

3.5.2 使用"关闭全部"命令关闭文件

执行"文件 > 关闭全部"命令或按 Alt+Ctrl+W 组合键，可以关闭所有的文件，如图 3-22 所示。

图3-20

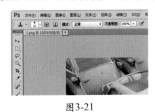

图3-21

图3-22

综合实例——完成文件处理的整个流程

实例文件	综合实例——完成文件处理的整个流程.psd
视频教学	综合实例——完成文件处理的整个流程.flv
难易指数	★★★★☆
技术要点	新建、置入、存储文件

图3-23

实例效果

本例效果如图3-23所示。

操作步骤

步骤01 执行"文件>新建"命令，设置文件"宽度"为3000像素，"高度"为2000像素，"分辨率"为300像素/英寸，"颜色模式"为"RGB颜色"，"背景内容"为"白色"，如图3-24所示。

步骤02 设置前景色为紫色（R：144，G：27，B：152），如图3-25所示。使用颜色填充快捷键Alt+Delete填充画布为紫色，如图3-26所示。

图3-24

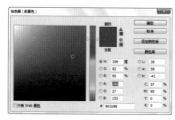

图3-25

图3-26

步骤03 执行"文件>置入"命令，选择人像素材，单击"置入"按钮，如图3-27所示。将其置入画面中，缩放到合适比例，如图3-28所示。

步骤04 按Enter键确定图像的置入，如图3-29所示。选中置入的图层，执行"图层>栅格化>智能对象"命令。

图3-27

图3-28

图3-29

步骤05 从素材文件夹中拖曳PNG格式的艺术字素材到画布中，放在左下角，同样按Enter键确定，如图3-30所示。

步骤06 制作完成后执行"文件>存储为"命令或按Shift+Ctrl+S组合键，打开"存储为"对话框，在其中设置文件存储位置、名称以及格式，这里设置格式为可保存分层文件信息的PSD格式，如图3-31所示。

步骤07 再次执行"文件>存储为"命令或按Shift+Ctrl+S组合键，打开"存储为"对话框，选择格式为方便预览和上传至网络的JPG格式，效果如图3-32所示。最后执行"文件>关闭"命令，关闭当前文件，如图3-33所示。

图3-30

图3-31

图3-32

图3-33

Chapter 04

第4章

图像的基本编辑方法

本章主要学习一些图像的基本编辑操作，例如调整图像的尺寸、角度，复制、粘贴图像，调整图层的形态，撤销错误操作等。为学习后面复杂的图像编辑操作奠定基础。

本章学习要点：

- 掌握图像尺寸、分辨率的修改方法
- 掌握撤销与返回操作的方法
- 掌握图像的多种变换方法

通常情况下，我们最关注图像的尺寸、大小及分辨率等属性，如图 4-1 和图 4-2 所示为像素尺寸分别是 600 像素 ×600 像素与 200 像素 ×200 像素的同一图片的对比效果，尺寸大的图像所占计算机空间也要相对大一些。

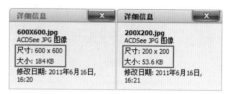

图4-1

图4-2

执行"图像 > 图像大小"命令或按 Alt+Ctrl+I 组合键，打开"图像大小"对话框，如图 4-3 所示。在"像素大小"选项组下即可修改图像的像素大小，更改图像的像素大小不仅会影响图像在屏幕上的大小，还会影响图像的质量及其打印特性（图像的打印尺寸和分辨率）。"图像大小"对话框详解如下：

图4-3

- 像素大小：选项组下的参数主要用来设置图像的尺寸。顶部显示了当前图像的大小，括号内显示的是之前文件的大小。修改图像宽度和高度数值，像素大小也会发生变化。
- 文档大小：选项组中的参数主要用来设置图像的打印尺寸。
- 缩放样式：当文档中的某些图层包含图层样式时，选中"缩放样式"复选框后，可以在调整图像大小时自动缩放样式效果，只有选中"约束比例"复选框时，"缩放样式"才可用。
- 约束比例：当选中"约束比例"复选框时，可以在修改图像的高度或宽度时，保持宽度和高度的比例不变。
- 重定图像像素：当选中"重定图像像素"复选框时，如果减小图像的大小，就会减少像素数量，此时图像虽然变小了，但是画面质量仍然保持不变。
- 重新采样：单击该选项的倒三角按钮，在下拉列表中可以选择重新取样的方式。
- 自动：单击该按钮可以打开"自动分辨率"对话框，在该对话框中输入"挂网"的线数以后，Photoshop 可以根据输出设备的网频来确定建议使用的图像分辨率。

执行"图像 > 画布大小"命令，可以打开"画布大小"对话框，如图 4-4 所示。在该对话框中可以对画布的宽度、高度、定位和画布扩展颜色进行调整。增大画布大小，原始图像大小不会发生变化，而增大的部分则使用选定的填充颜色进行填充；减小画布大小，图像则会被裁切掉一部分，如图 4-5～图 4-7 所示。

图4-4

图4-5

图4-6

图4-7

答疑解惑——画布大小和图像大小有区别吗?

　　画布大小与图像大小有着本质的区别。画布大小是指工作区域的大小,它包含图像和空白区域;图像大小是指图像的像素大小。如图4-8和图4-9所示分别为原图与增大画布的效果。

图4-8

图4-9

　　● **新建大小**:新建大小是指修改画布尺寸后的大小。当输入的"宽度"和"高度"值大于原始画布尺寸时,会增加画布。当输入的"宽度"和"高度"值小于原始画布尺寸时,Photoshop 会裁切超出画布区域的图像。选中"相对"复选框时,"宽度"和"高度"数值将代表实际增加或减少的区域的大小,而不再代表整个文档的大小。输入正值表示增加画布,如设置"宽度"为2厘米,那么画布就在宽度方向上增加了2厘米。"定位"选项主要用来设置当前图像在新画布上的位置。

　　● **画布扩展颜色**:画布扩展颜色是指填充新画布的颜色。如果图像的背景是透明的,那么"画布扩展颜色"选项将不可用,新增加的画布也是透明的,如图4-10和图4-11所示。

图4-10

图4-11

4.3 裁剪与裁切图像

4.3.1 裁剪图像

　　裁剪是指移去部分图像,以突出或加强构图效果的过程。使用"裁剪工具"可以裁剪掉多余的图像,并重新定义画布的大小。选择"裁剪工具"后,在画面中拖曳出一个矩形区域,选择要保留的部分,然后按 Enter 键或双击即可完成裁剪,如图4-12~图4-14所示。

图4-12

图4-13

图4-14

"裁剪工具"的选项栏如图 4-15 所示。

图 4-15

⊙ 约束方式 [不受约束 ▼]：在该下拉列表中可以选择多种裁剪的约束比例。

⊙ 约束比例 [ ] x [ ]：在这里可以输入自定的约束比例数值。

⊙ 旋转 [C]：单击该按钮，将光标定位到裁剪框以外的区域按住鼠标左键并拖曳光标即可旋转裁剪框。

⊙ 拉直 [ ]：通过在图像上画一条直线来拉直图像。

⊙ 视图：在该下拉列表中可以选择裁剪的参考线的方式，包括"三等分""网格""对角""三角形""黄金比例""金色螺线"，也可以设置参考线的叠加显示方式。

⊙ 设置其他裁剪选项 [ ]：在这里可以对裁剪的其他参数进行设置，如可以使用经典模式或设置裁剪屏蔽的颜色、透明度等参数。

⊙ 删除裁剪的像素：确定是否保留或删除裁剪框外部的像素数据。如果取消选中该复选框，多余的区域可以处于隐藏状态，如果想要还原裁剪之前的画面，只需要再次选择"裁剪工具"，然后随意操作即可看到原文档。

4.3.2 透视裁剪工具

使用"透视裁剪工具"可以在需要裁剪的图像上制作出带有透视感的裁剪框，在应用裁剪后可以使图像带有明显的透视感。打开一张图像，单击工具箱中的"透视裁剪工具"按钮 [ ]，在画面中绘制一个裁剪框，如图 4-16 所示。

将光标定位到裁剪框的一个控制点上，单击并向内拖动，如图 4-17 所示。用同样的方法调整其他控制点，如图 4-18 所示。调整完成后单击选项栏中的"提交当前裁剪操作"按钮 [✔]，即可得到带有透视感的画面效果，如图 4-19 所示。

图 4-16

图 4-17

图 4-18

图 4-19

4.4 旋转画布

执行"图像>图像旋转"命令，在该菜单下提供了 6 种旋转画布的命令，包括"180 度""90 度（顺时针）""90 度（逆时针）""任意角度""水平翻转画布"和"垂直翻转画布"，如图 4-20 所示。在执行这些命令时，可以旋转或翻转整个图像，如图 4-21 和图 4-22 所示分别为原图和执行"垂直翻转画布"命令后的图像效果。

在"图像>图像旋转"菜单下提供了一个"任意角度"命令，该命令主要用来以任意角度旋转画布。在执行"任意角度"命令后，系统会弹出"旋转画布"对话框，在该对话框中可以设置旋转的角度和方式（顺时针和逆时针），如图 4-23 所示是将图像顺时针旋转 45° 后的效果。

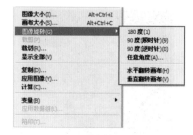

图 4-20

图 4-21

图 4-22

图 4-23

4.5 撤销/返回/恢复文件

在传统的绘画过程中，出现错误的操作时只能选择擦除或覆盖。而在 Photoshop 中进行数字化编辑时，出现错误操作则可以撤销或返回之前的步骤，然后重新编辑图像，这也是数字编辑的优势之一。

4.5.1 还原与重做

执行"编辑 > 还原"命令或按 Ctrl+Z 快捷键，可以撤销最近一次的操作，将图像还原到上一步的操作状态，如图 4-24 所示。如果想要取消还原操作，可以执行"编辑 > 重做"命令，如图 4-25 所示。

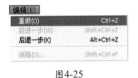

图 4-24　　　　　　图 4-25

4.5.2 前进一步与后退一步

由于"还原"命令只可以还原一步操作，而实际操作中经常需要还原多个操作，就需要连续执行"编辑 > 后退一步"命令，或连续按 Alt+Ctrl+Z 组合键来逐步撤销操作；如果要取消还原的操作，可以连续执行"编辑 > 前进一步"命令，或连续按 Shift+Ctrl+Z 组合键来逐步恢复被撤销的操作，如图 4-26 所示。

图 4-26

4.5.3 恢复文件到初始状态

执行"文件 > 恢复"命令或按 F12 键，可以直接将文件恢复到最后一次保存时的状态，或返回到刚打开文件时的状态。

4.6 使用"历史记录"面板还原操作

历史记录面板是用于记录编辑图像过程中所进行的操作步骤。也就是说通过"历史记录"面板可以恢复到某一步的状态，同时也可以再次返回到当前的操作状态。执行"窗口 > 历史记录"菜单命令，打开"历史记录"面板，在"历史记录"面板中可以观察到之前所进行的所有操作，如图 4-27 所示。在"历史记录"面板中单击某一操作即可返回到该步骤。

图 4-27

● 设置历史记录画笔的源：使用历史记录画笔时，该图标所在的位置代表历史记录画笔的源图像。

● 快照缩览图：被记录为快照的图像状态。

● 历史记录状态：Photoshop 记录的每一步操作的状态。

● "从当前状态创建新文档"按钮 ：以当前操作步骤中图像的状态创建一个新文档。

● "创建新快照"按钮 ：以当前图像的状态创建一个新快照。

● "删除当前状态"按钮 ：选择一个历史记录后，单击该按钮可以将当前记录以及后面的记录删除。

4.7 剪切/拷贝/粘贴图像

与 Windows 下的剪切 / 复制 / 粘贴命令相同，在 Photoshop 中也可以快捷地完成复制、粘贴任务，而且还可以对图像进行原位置粘贴、合并拷贝等特殊操作。

4.7.1 剪切与粘贴

（1）创建选区后，执行"编辑 > 剪切"命令或按 Ctrl+X 快捷键，可以将选区中的内容剪切到剪贴板上，如图 4-28 和图 4-29 所示。

图4-28　　　　　　图4-29

（2）然后执行"编辑 > 粘贴"命令或按 Ctrl+V 快捷键，可以将剪切的图像粘贴到画布中，如图 4-30 所示，并可生成一个新的图层，如图 4-31 所示。

图4-30　　　　　　图4-31

4.7.2 拷贝

创建选区后，执行"编辑 > 拷贝"命令或按 Ctrl+C 快捷键，可以将选区中的图像复制到剪贴板中，然后执行"编辑 > 粘贴"命令或按 Ctrl+V 快捷键，可以将复制的图像粘贴到画布中，并生成一个新的图层，如图 4-32 所示。

图4-32

4.7.3 合并拷贝

当文档中包含很多图层时，执行"选择 > 全选"命令或按 Ctrl+A 快捷键全选当前图像，然后执行"编辑 > 合并拷贝"命令或按 Ctrl+Shift+C 快捷键，可将所有可见图层复制并合并到剪贴板中。最后按 Ctrl+V 快捷键可以将合并复制的图像粘贴到当前文档或其他文档中，如图 4-33 所示。

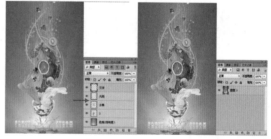

图4-33

4.7.4 清除图像

当选中的图层为包含选区状态下的普通图层时，执行"编辑 > 清除"命令可以清除选区中的图像。

选中图层为"背景"图层时，被清除的区域将填充背景色，如图 4-34～图 4-36 所示分别为创建选区、清除"背景"图层上的图像与清除普通图层上的图像的对比效果。

图4-34　　　　　　　　　图4-35　　　　　　　　　图4-36

4.8 选择与移动对象

"移动工具"位于工具箱的最顶端，是最常用的工具之一，无论是在文档中移动图层、选区中的图像，还是将其他文档中的图像拖曳到当前文档，都需要使用"移动工具"，如图4-37所示是"移动工具"的选项栏。

图4-37

　　● 自动选择：如果文档中包含多个图层或图层组，可以在后面的下拉列表中选择要移动的对象。如果选择"图层"选项，使用"移动工具"在画布中单击时，可以自动选择"移动工具"下面包含像素的最顶层的图层，如图4-38所示；如果选择"组"选项，在画布中单击时，可以自动选择"移动工具"下面包含像素的最顶层的图层所在的图层组，如图4-39所示。

图4-38

图4-39

　　● 显示变换控件：选中复选框后，当选择一个图层时，就会在图层内容的周围显示定界框，如图4-40所示。用户可以拖曳控制点来对图像进行变换操作，如图4-41所示。

图4-40

图4-41

　　● 对齐图层：当同时选择了两个或两个以上的图层时，单击相应的按钮可以将所选图层进行对齐。对齐方式包括"顶对齐"、"垂直居中对齐"、"底对齐"、"左对齐"、"水平居中对齐"和"右对齐"。

　　● 分布图层：如果选择了3个或3个以上的图层时，单击相应的按钮可以将所选图层按一定规则进行均匀分布排列。分布方式包括"按顶分布"、"垂直居中分布"、"按底分布"、"按左分布"、"水平居中分布"和"按右分布"。

4.8.1 在同一个文档中移动图像

　　在"图层"面板中选择要移动的对象所在的图层，然后在工具箱中单击"移动工具"按钮，接着在画布中单击鼠标左键并拖曳即可移动选中的对象，如图4-42和图4-43所示。

图4-42 　　　　　　　　图4-43

　　如果需要移动选区中的内容，可以在包含选区的状态下将光标放置在选区内，如图4-44所示。单击鼠标左键并拖曳即可移动选中的图像，如图4-45所示。

图4-44 　　　　　　　　图4-45

 技巧提示

　　在使用"移动工具"移动图像时，按住Alt键拖曳图像，可以复制图像，同时会生成一个新的图层。

4.8.2　在不同的文档间移动图像

　　若要在不同的文档间移动图像，首先需要使用"移动工具"将光标放置在其中一个画布中，单击并拖曳到另外一个文档的标题栏上，停留片刻后即可切换到目标文档，接着将图像移动到画面中释放鼠标即可将图像拖曳到文档中，同时Photoshop会生成一个新的图层，如图4-46和图4-47所示。

图4-46　　　　　　　　　　　　图4-47

4.9　图像变换

　　移动、旋转、缩放、扭曲、斜切等是处理图像的基本方法。通过执行"编辑"菜单下的"自由变换"和"变换"命令，可以改变图像的形状。"变换"命令下的子命令与"自由变换"右键菜单中的命令基本相同。

4.9.1　认识定界框、中心点和控制点

　　在执行"自由变换"或"变换"操作时，当前对象的周围会出现一个定界框，定界框的中间有一个中心点，四周还有控制点，如图4-48所示。在默认情况下，中心点位于变换对象的中心，用于定义对象的变换中心，拖曳中心点可以移动它的位置；控制点主要用来变换图像。

4.9.2　使用自由变换命令

　　选择图层，执行"编辑 > 自由变换"命令，对象周围出现定界框，右击即可看到多种变换的方式，如图4-49所示。使用这些命令可以对图层、路径、矢量图形，以及选区中的图像进行变换操作。另外，还可以对矢量蒙版和Alpha应用变换。

图4-48　　　　　　　　　　图4-49

　　🔘 缩放：自由变换默认状态下即可进行缩放操作，将光标定位到定界框边缘，按住鼠标左键拖动可以任意缩放图像，如图4-50所示；将光标放在一角处按住Shift键，可以等比例缩放图像，如图4-51所示；将光标放在一角处按住Shift+Alt快捷键，可以以中心点为基准等比例缩放图像，如图4-52所示。

　　将光标定位到定界框以外，光标变为带有弧线的双箭头，按住鼠标左键拖动能够以任意角度旋转图像，如图4-53所示；如果按住Shift键，可以以15°为单位旋转图像，如图4-54所示。

图4-50　　　　　　图4-51　　　　　　图4-52

　　🔘 旋转："旋转"状态下可以围绕中心点转动变换对象。

图4-53　　　　　　　　　　图4-54

　　🔘 斜切：使用"斜切"命令可以在任意方向、垂直方向或水平方向上倾斜图像。如果不按住任何快捷键，可以在任意方向上倾斜图像，如图4-55所示；如果按住Shift键，可以在垂直或水平方向上倾斜图像，如图4-56所示。

图4-55 　　　　　　　　　图4-56

　　● 扭曲：使用"扭曲"命令可以在各个方向上伸展变换对象。如果不按住任何快捷键，可以在任意方向上扭曲图像；如果按住 Shift 键，可以在垂直或水平方向上扭曲图像，如图4-57 和图4-58 所示。

图4-57 　　　　　　　　　图4-58

　　● 透视：使用"透视"命令可以对变换对象应用单点透视。拖曳定界框 4 个角上的控制点，可以在水平或垂直方向上对图像应用透视，如图4-59 和图4-60 所示。

图4-59 　　　　　　　　　图4-60

　　● 变形：如果要对图像的局部内容进行扭曲，可以使用"变形"命令来操作。执行该命令时，图像上将会出现变形网格和锚点，拖曳锚点或调整锚点的方向线可以对图像进行更加自由和灵活的变形处理，如图4-61 和图4-62 所示。

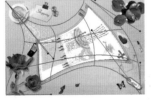

图4-61 　　　　　　　　　图4-62

　　● 旋转 180 度 / 旋转 90 度（顺时针）/ 旋转 90 度（逆时针）：这 3 个命令非常简单，以图4-63 所示图像为例，执行"旋转 180 度"命令，可以将图像旋转 180°，如图4-64 所示；执行"旋转 90 度（顺时针）"命令，可以将图像顺时针旋转 90°，如图4-65 所示；执行"旋转 90 度（逆时针）"命令，可以将图像逆时针旋转 90°，如图4-66 所示。

图4-63 　　　　　　　　　图4-64

图4-65 　　　　　　　　　图4-66

　　● 水平翻转 / 垂直翻转：这两个命令也非常简单，执行"水平翻转"命令，可以将图像在水平方向上进行翻转，如图4-67 所示；执行"垂直翻转"命令，可以将图像在垂直方向上进行翻转，如图4-68 所示。

图4-67 　　　　　　　　　图4-68

视频陪练——使用变换制作形态各异的蝴蝶

实例文件	视频陪练——使用变换制作形态各异的蝴蝶.psd
视频教学	视频陪练——使用变换制作形态各异的蝴蝶.flv
难易指数	★★★★★
技术要点	"缩放""旋转""斜切""扭曲"命令

扫码看视频

　　实例效果

　　本例将使用变换命令制作形态各异的蝴蝶，如图4-69 所示。

图4-69

實例文件	練習實例——使用自由變換為電視機換頻道.psd
視頻教學	練習實例——使用自由變換為電視機換頻道.flv
難易指數	★★★★★
技術要點	自由變換

掃碼看視頻

图4-70　　　　　　图4-71

實例效果

本例原图和效果图分别如图4-70和图4-71所示。

操作步骤

步骤01 按 Ctrl+O 快捷键，打开本书配套资源中的室内效果图素材文件，如图4-72所示。置入电影截图，如图4-73所示。

步骤02 使用自由变换快捷键 Ctrl+T，按住 Shift 键等比例缩小图像，放在电视的位置，如图4-74所示。

图4-72　　　　　　　　图4-73　　　　　　　　图4-74

步骤03 为了便于观察，可以在"图层"面板中降低该图层的不透明度。继续在图层上右击并选择"扭曲"命令，如图4-75所示。单击右上角的控制点并拖动到电视机屏幕的右上角位置，用同样的方法拖动右下角的点到合适位置，如图4-76所示。

步骤04 此时可以看到屏幕素材与电视机产生相同的透视感。按 Enter 键或单击选项栏中的 ✔ 按钮完成变换操作。为了使画面与电视屏幕融合得更好，需要设置其图层的不透明度为 75%，如图4-77所示。最终效果如图4-78所示。

图4-75　　　　　图4-76　　　　　图4-77　　　　　图4-78

4.9.3　使用内容识别比例

"内容识别比例"是 Photoshop 中一个非常实用的缩放功能，它可以在不更改重要可视内容（如人物、建筑、动物等）的情况下缩放图像大小。常规缩放在调整图像大小时会统一影响所有像素，而"内容识别比例"命令主要影响没有重要可视内容区域中的像素，选择一张图片，将其复制一份，然后执行"编辑＞内容识别比例"命令，自左向右拖曳定界框，此时发现图像宽度缩短，但是人像并没有发生变形，如图4-79所示为原图、使用"自由变换"命令进行常规缩放以及使用"内容识别比例"命令缩放的对比效果。

原图　　　　　　自由变换　　　　　内容识别比例

图4-79

Chapter 05

第5章

选区与抠图常用工具

　　在使用 Photoshop 处理图像时，经常需要针对局部效果进行调整，通过选择特定区域，可以对该区域进行编辑并保持未选定区域不会被改动。这时就需要为图像指定一个有效的编辑区域——选区。

本章学习要点：

- 掌握选区工具的使用方法
- 掌握常用抠图工具的使用方法与技巧
- 掌握填充与描边选区的应用

5.1 认识选区

在使用 Photoshop 处理图像时，经常需要针对局部效果进行调整，通过选择特定区域，可以对该区域进行编辑并保持未选定区域不会被改动。这时就需要为图像指定一个有效的编辑区域——选区。

如图 5-1 所示，若只需要改变卡片的颜色，就可以使用"磁性套索工具"或"钢笔工具"绘制出需要调色的区域选区，然后对这些区域进行单独调色即可，如图 5-2 所示。

图5-1　　　　　　　图5-2

选区的另外一项重要功能是图像局部的分离，也就是抠

图。以图 5-3 为例，要将图中的主体物分离出来，就可以使用"快速选择工具"或"磁性套索工具"制作主体部分选区，接着将选区中的内容复制、粘贴到其他合适的背景文件中，并添加其他合成元素，即可完成一个合成作品，如图 5-4 所示。

图5-3　　　　　　　图5-4

5.2 选区的基本操作

选区作为一个非实体对象，也可以对其进行运算（新选区、添加到选区、从选区减去、与选区交叉）、全选与反选、取消选择与重新选择、移动与变换、存储与载入等操作。

5.2.1 选区的运算

如果当前图像中包含选区，在使用任何选框工具、套索工具或魔棒工具创建选区时，选项栏中就会出现选区运算的相关工具，如图 5-5 所示。

图5-5

（1）打开素材文件，然后使用"矩形选框工具"绘制一个矩形选框，创建新选区，如图 5-6 所示。

（2）在选项栏中单击"添加到选区"按钮，可以将当前创建的选区添加到原来的选区中（按住 Shift 键也可以实现相同的操作），如图 5-7 所示。

图5-6　　　　　　　图5-7

（3）单击"从选区减去"按钮，可以将当前的选区从原来的选区中减去（按住 Alt 键也可以实现相同的操作），如图 5-8 所示。

（4）单击"与选区交叉"按钮，新建选区时只保留原有选区与新建选区相交的部分（按住 Alt+Shift 快捷键也可以实现相同的操作），如图 5-9 所示。

图5-8　　　　　　　图5-9

5.2.2 全选

全选图像常用于复制整个文档中的图像。执行"选择 > 全部"命令或按 Ctrl+A 快捷键，可以选择当前文档边界内的所有图像。

5.2.3　使用反选命令

创建选区以后，执行"选择>反向选择"命令或按 Shift+Ctrl+I 组合键，可以选择反相的选区，也就是选择图像中没有被选择的部分，如图 5-10 和图 5-11 所示。

图5-10　　　　　　　图5-11

5.2.4　隐藏与显示选区

执行"视图>显示>选区边缘"命令可以切换选区的显示与隐藏。创建选区后，执行"视图>显示>选区边缘"命令或按 Ctrl+H 快捷键，可以隐藏选区（注意，隐藏选区后，选区仍然存在）；如果要将隐藏的选区显示出来，可以再次执行"视图>显示>选区边缘"命令或按 Ctrl+H 快捷键。

5.2.5　移动选区

使用选框工具创建选区时，在松开鼠标左键之前，按住 Space 键（即空格键）拖曳光标，可以移动选区，如图 5-12 和图 5-13 所示。

图5-12　　　　　　　图5-13

将光标放置在选区内，当光标变为 ▶ 形状时，拖曳光标即可移动选区，如图 5-14 和图 5-15 所示。

图5-14　　　　　　　图5-15

5.2.6　存储选区

在 Photoshop 中，选区可以作为通道进行存储。如图 5-16 所示，在"通道"面板中单击"将选区存储为通道"按钮 ▣，可以将选区存储为 Alpha 通道蒙版，如图 5-17 所示。

图5-16　　　　　　　图5-17

5.2.7　载入选区

在"通道"面板中按住 Ctrl 键的同时单击存储选区的通道蒙版缩略图，即可重新载入存储起来的选区，如图 5-18 所示。如果在图层面板中按住 Ctrl 键的同时单击图层缩览图也可以得到图层选区。

图5-18

答疑解惑——如果要小幅度移动选区该怎么操作？

如果要小幅度移动选区，可以按→、←、↑、↓键来进行移动。

5.3　基本选择工具

Photoshop 中包含多种方便快捷的选区工具组，如选框工具组、套索工具组、快速选择工具组，每个工具组中又包含多种工具。熟练掌握这些基本工具的使用方法，可以快速地选择需要的选区。

5.3.1　矩形选框工具

"矩形选框工具"主要用于创建矩形选区与正方形选区，在画面中按住鼠标左键拖动，即可绘制出矩形选区。按住 Shift 键的同时按住鼠标左键并拖动可以创建正方形选区，如图 5-19 和图 5-20 所示。"矩形选框工具"的选项栏如图 5-21 所示。

图5-19　　　　　　　图5-20

图5-21

● **羽化**：主要用来设置选区的羽化范围，如图5-22所示是"羽化"值为0像素时的边界效果，如图5-23所示是"羽化"值为20像素时的边界效果。

图5-22　　　　　　　图5-23

● **消除锯齿**："矩形选框工具"的"消除锯齿"选项是不可用的，因为矩形选框没有不平滑效果，只有在使用"椭圆选框工具"时"消除锯齿"选项才可用。

● **样式**：用来设置矩形选区的创建方法。当选择"正常"选项时，可以创建任意大小的矩形选区；当选择"固定比例"选项时，可以在右侧的"宽度"和"高度"文本框中输入数值，以创建固定比例的选区。例如，设置"宽度"为1，"高度"为2，那么创建出来的矩形选区的高度就是宽度的2倍；当选择"固定大小"选项时，可以在右侧的"宽度"和"高度"文本框中输入数值，然后单击即可创建一个固定大小的选区（单击"高度和宽度互换"按钮可以切换"宽度"和"高度"的数值）。

● **调整边缘**：单击该按钮可以打开"调整边缘"对话框，在该对话框中可以对选区进行平滑、羽化等处理。

 技巧提示

当设置的"羽化"数值过大，以至任何像素都不大于50%选择时，Photoshop会弹出一个警告对话框，提醒用户羽化后的选区将不可见（选区仍然存在），如图5-24所示。

图5-24

实例文件	视频陪练——使用"矩形选框工具"制作儿童相册.psd	
视频教学	视频陪练——使用"矩形选框工具"制作儿童相册.flv	
难易指数	★★★★★	扫码看视频
技术要点	制作矩形选框工具	

实例效果

本例主要是针对"矩形选框工具"的用法进行练习，如图5-25所示。

图5-25

5.3.2　椭圆选框工具

"椭圆选框工具"主要用来制作椭圆选区和正圆选区，在画面中按住鼠标左键绘制即可得到椭圆选区，按住Shift键的同时绘制选区可以创建正圆选区，如图5-26和图5-27所示。"椭圆选框工具"的选项栏如图5-28所示。

图5-26　　　　　　　图5-27

图5-28

● **消除锯齿**：通过柔化边缘像素与背景像素之间的颜色过渡效果，来使选区边缘变得平滑，如图5-29所示是未选中"消除锯齿"和选中"消除锯齿"复选框时的图像边缘效果。由于"消除锯齿"只影响边缘像素，因此不会丢失细节，在剪切、复制和粘贴选区图像时非常有用。

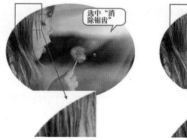 

图5-29

其他选项的用法与"矩形选框工具"中的相同，这里不再讲解。

5.3.3 单行/单列选框工具

"单行选框工具"和"单列选框工具"主要用来创建高度或宽度为1像素的选区，在画面中单击即可获得选区，常用来制作网格效果，如图5-30和图5-31所示。

图5-30　　　　　　　　　　图5-31

5.3.4 使用套索工具制作选区

使用"套索工具"可以非常自由地绘制出形状不规则的选区。选择"套索工具"后，在图像上按住鼠标左键并拖曳光标绘制选区边界，当释放鼠标时，选区将自动闭合。

（1）打开图片素材文件，如图5-32所示。

（2）在工具箱中单击"套索工具"按钮 ，然后在图像上单击，确定起点位置，接着拖曳光标绘制选区，如图5-33所示。

图5-32　　　　　　　　　　图5-33

5.3.6 磁性套索工具

"磁性套索工具"能够以颜色上的差异自动识别对象的边界，特别适合于快速选择与背景对比强烈且边缘复杂的对象。使用"磁性套索工具"时，套索边界会自动对齐图像的边缘。当勾选完比较复杂的边界时，还可以按住Alt键切换到"多边形套索工具"，以勾选转角比较强烈的边缘。

选择需要处理的普通图层，如图5-37所示。在工具箱中单击"磁性套索工具"按钮，然后在人物手臂的边缘单击，确定起点，接着沿着人像边缘移动光标，此时Photoshop会生成很多锚点，当勾画到起点处时按Enter键闭合选区，如图5-38所示。右击并选择"选择反向"命令，删除选区中的内容，再按Ctrl+D快捷键取消选择，如图5-39所示。此时手臂内部仍有背景颜色没有被删除，因此再次使用"磁性套索工具"绘制手臂内部，建立选区，直接按Delete键将其删除，效果如图5-40所示。"磁性套索工具"的选项栏如图5-41所示。

（3）当要结束绘制时鼠标单击起点，选区会自动闭合，效果如图5-34所示。

图5-34

当使用"套索工具"绘制选区时，如果在绘制过程中按住Alt键，释放鼠标（不松开Alt键），Photoshop会自动切换到"多边形套索工具"。

5.3.5 多边形套索工具

"多边形套索工具"适合于创建一些转角比较强烈的选区。使用"多边形套索工具"在画面中多次单击，即可得到多边形选区的边缘，如图5-35所示。将光标定位到起点处单击，即可闭合得到选区。效果如图5-36所示。

图5-35　　　　　　　　　　图5-36

在使用"多边形套索工具"绘制选区时，按住Shift键可以在水平方向、垂直方向或45°方向上绘制直线。另外，按Delete键可以删除最近绘制的直线。

图5-37

图5-38

图5-39

图5-40

羽化: 0 像素 ☑消除锯齿 宽度: 10 像素 对比度: 10% 频率: 57 调整边缘...

图5-41

⊙ 宽度:"宽度"值决定了以光标中心为基准,光标周围有多少个像素能够被"磁性套索工具"检测到,如果对象的边缘比较清晰,可以设置较大的值;如果对象的边缘比较模糊,可以设置较小的值,如图5-42和图5-43所示分别是"宽度"值为20和200时检测到的边缘。

技巧提示

在使用"磁性套索工具"勾画选区时,按住Caps Lock键,光标会变成 ⊕ 形状,圆形的大小就是该工具能够检测到的边缘宽度。另外,按↑键和↓键可以调整检测宽度。

⊙ 对比度:该选项主要用来设置"磁性套索工具"感应图像边缘的灵敏度。如果对象的边缘比较清晰,可以将该值设置得大一些;如果对象的边缘比较模糊,可以将该值设置得小一些。

⊙ 频率:在使用"磁性套索工具"勾画选区时,Photoshop会生成很多锚点,"频率"选项用来设置锚点的数量。数值越大,生成的锚点越多,捕捉到的边缘越准确,但是可能会造成选区不够平滑,如图5-44和图5-45所示分别是"频率"为10和100时生成的锚点。

⊙ "钢笔压力"按钮 ✐:如果计算机配有数位板和压感笔,可以激活该按钮,Photoshop会根据压感笔的压力自动调节"磁性套索工具"的检测范围。

图5-42　　　　图5-43

图5-44　　　　图5-45

视频陪练——使用"磁性套索工具"去除灰色背景

实例文件	视频陪练——使用"磁性套索工具"去除灰色背景.psd
视频教学	视频陪练——使用"磁性套索工具"去除灰色背景.flv
难易指数	★★★★★
技术要点	磁性套索工具

实例效果

本例主要是针对"磁性套索工具"的用法进行练习,如图5-46所示。

图5-46

5.3.7　快速选择工具

使用"快速选择工具"可以利用可调整的圆形笔尖迅速地绘制出选区。当拖曳笔尖时,选取范围不但会向外扩张,而且还可以自动寻找并沿着图像的边缘来描绘边界。选择需要处理的普通图层,如图5-47所示。使用"快速选择工具",在选项栏中设置合适的笔尖大小,在背景区域按住鼠标左键并进行拖动,可以将背景部分完全选择出来,如图5-48所示。按Delete键删除背景,使用快捷键Ctrl+D取消选区。最后置入背景素材文件,效果如图5-49所示。"快速选择工具"的选项栏如图5-50所示。

图5-47

图5-48

图5-49

图5-50

选区运算按钮：激活"新选区"按钮，可以创建一个新的选区；激活"添加到选区"按钮，可以在原有选区的基础上添加新创建的选区；激活"从选区减去"按钮，可以在原有选区的基础上减去当前绘制的选区。

"画笔"选择器：单击倒三角图标，可以在弹出的"画笔"选择器中设置画笔的大小、硬度、间距、角度以及圆度，如图5-51所示。在绘制选区的过程中，可以按] 键和 [键增大或减小画笔的大小。

对所有图层取样：如果选中该复选框，Photoshop 会根据所有的图层建立选取范围，而不仅是针对当前图层。

自动增强：降低选取范围边界的粗糙度与区块感。

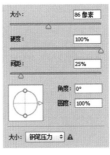
图5-51

视频陪练——使用"快速选择工具"为照片换背景

实例文件	视频陪练——使用"快速选择工具"为照片换背景.psd
视频教学	视频陪练——使用"快速选择工具"为照片换背景.flv
难易指数	★★★★★
技术要点	快速选择工具

扫码看视频

实例效果

本例主要是针对"快速选择工具"的用法进行练习，效果如图5-52所示。

图5-52

5.3.8 魔棒工具

"魔棒工具"在实际工作中的使用频率相当高，使用"魔棒工具"在图像中单击就能选取颜色差别在容差值范围之内的区域，选择需要处理的普通图层，如图5-53所示。选择工具箱中的"魔棒工具"，在选项栏中设置合适的容差值，然后在背景部分单击即可得到选区，如图5-54所示。按 Delete 键删除背景，使用快捷键 Ctrl+D 取消选区，效果如图5-55所示。"魔棒工具"的选项栏如图5-56所示。

容差：决定所选像素之间的相似性或差异性，其取值范围为0～255。数值越小，对像素的相似程度的要求越高，所选的颜色范围就越小，如图5-57所示为"容差"为30时的选区效果；数值越大，对像素的相似程度的要求越低，所选的颜色范围就越广，如图5-58所示为"容差"为60时的选区效果。

连续：选中该复选框时，只选择颜色连接的区域，如图5-59所示；取消选中该复选框时，可以选择与所选像素颜色接近的所有区域，当然也包含没有连接的区域，如图5-60所示。

图5-53

图5-54

图5-55

图5-56

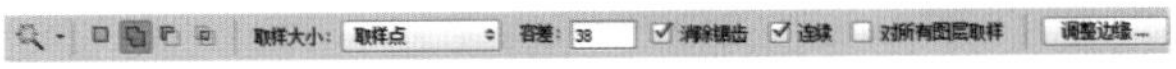

图5-57　　　　　　　　　　图5-58　　　　　　　　　　图5-59　　　　　　　　　　图5-60

对所有图层取样：如果文档中包含多个图层，当选中该复选框时，可以选择所有可见图层上颜色相近的区域；当取消选中该复选框时，仅选择当前图层上颜色相近的区域。

视频陪练——使用"魔棒工具"去除背景

实例文件	视频陪练——使用"魔棒工具"去除背景.psd
视频教学	视频陪练——使用"魔棒工具"去除背景.flv
难易指数	★★★★★
技术要点	魔棒工具

扫码看视频

实例效果

本例主要是针对"魔棒工具"的用法进行练习，如图 5-61 所示。

图5-61

5.3.9 "色彩范围"命令

"色彩范围"命令与"魔棒工具"相似，可根据图像的颜色范围创建选区，但是该命令提供了更多的控制选项，因此该命令的选择精度也要高一些。

选择需要处理的图层，如图 5-62 所示。执行"选择 > 色彩范围"命令，然后在弹出的"色彩范围"对话框中设置"选择"为"取样颜色"，接着在圆球上单击，此时在下方黑白预览图中可以看到被选中的区域为白色，未被选中的区域为黑色，灰色部分为部分选中。并设置"颜色容差"为 67，如图 5-63 所示。为了使灰色部分完全变为选中状态，可以使用"添加到取样"工具，单击灰色区域。灰色部分变为了白色，这部分区域也就被选中了，如图 5-64 所示。

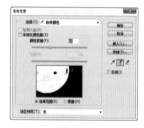

图5-62　　　　　　　　　　　图5-63　　　　　　　　　　　图5-64

单击"确定"按钮后，即可得到选区。如图 5-65 所示。执行"图像 > 调整 > 色相 / 饱和度"命令，打开"色相 / 饱和度"对话框，然后设置"色相"为 -34，"明度"为 -8，如图 5-66 所示，可以看到被选中的范围颜色发生了变化，如图 5-67 所示。

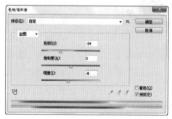
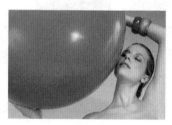

图5-65　　　　　　　　　　　图5-66　　　　　　　　　　　图5-67

5.4 填充与描边选区

在处理图像时，经常需要将选区内的图像改变成其他颜色、图案等内容，这时就需要使用"填充"命令；如果需要对选区描绘可见的边缘，就需要使用"描边"命令。"填充"和"描边"命令在选区操作中的应用非常广泛。

5.4.1 填充选区

利用"填充"命令可以在当前图层或选区内填充颜色或图案，同时也可以设置填充时的不透明度和混合模式。执行"编辑 > 填充"命令或按 Shift+F5 快捷键，可以打开"填充"对话框，如图 5-68 所示。需要注意的是，文字图层和被隐藏的图层不能使用"填充"命令。

图5-68

- 内容：用来设置填充的内容，包括前景色、背景色、颜色、内容识别、图案、历史记录、黑色、50% 灰色和白色。如图 5-69 所示是一个蛋糕的选区，图 5-70 所示是使用图案填充选区后的效果。
- 模式：用来设置填充内容的混合模式，如图 5-71 所示是设置"模式"为"叠加"后的填充效果。
- 不透明度：用来设置填充内容的不透明度，如图 5-72 所示是设置"不透明度"为 50% 后的填充效果。

图 5-69

图 5-70

图5-71

图5-72

- 保留透明区域：选中该复选框后，只填充图层中包含像素的区域，而透明区域不会被填充。

5.4.2 使用内容识别智能填充

（1）打开一张图像，如图 5-73 所示，在这里可以尝试使用"内容识别"的填充方式快速去除左侧墙壁上的物体。

（2）使用"套索工具"在左侧绘制出选区，如图 5-74 所示。

（3）执行"编辑 > 填充"命令，设置"使用"为"内容识别"，单击"确定"按钮，如图 5-75 所示。可以看到选区内的部分被填充上与附近相似的像素，如图 5-76 所示。

图 5-73

图 5-74

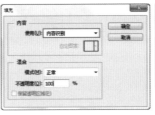
图 5-75

图5-76

5.4.3 描边选区

使用"描边"命令可以在选区、路径或图层周围创建彩色或者花纹的边框效果。打开一张图片，并创建出选区，如图 5-77 所示。然后执行"编辑 > 描边"命令或按 Alt+E+S 组合键，打开"描边"对话框，在这里进行描边宽度、颜色、位置等参数的设置，如图 5-78 所示。设置完毕后单击"确定"按钮即

图 5-77

图 5-78

可完成操作。

　　○ 描边：该选项组主要用来设置描边的宽度和颜色，如图5-79和图5-80所示分别是设置不同"宽度"和"颜色"的描边效果。

技巧提示

在有选区的状态下也可以使用"描边"命令。

图5-79　　　　　　　图5-80

　　○ 位置：设置描边相对于选区的位置，包括"内部""居中"和"居外"3个选项，效果如图5-81所示。

内部　　　　　　居中　　　　　　居外

图5-81

　　○ 混合：用来设置描边颜色的混合模式和不透明度。如果选中"保留透明区域"复选框，则只对包含像素的区域进行描边。

视频陪练——使用描边制作艺术字招贴

实例文件	视频陪练——使用描边制作艺术字招贴.psd
视频教学	视频陪练——使用描边制作艺术字招贴.flv
难易指数	★★★★☆
技术要点	描边

扫码看视频

实例效果

　　本例使用"描边"命令为文字等添加艺术效果，如图5-82所示。

图5-82

综合实例——制作现代感宣传招贴

实例文件	综合实例——制作现代感宣传招贴.psd
视频教学	综合实例——制作现代感宣传招贴.flv
难易指数	★★★★☆
技术要点	矩形选框工具、椭圆选框工具、套索工具、多边形套索工具、"填充"命令、"描边"命令

扫码看视频

实例效果

　　本例效果如图5-83所示。

操作步骤

步骤01 ▶ 按Ctrl+N快捷键新建一个大小为2000像素×3000像素的文档，如图5-84所示。

步骤02 ▶ 使用"渐变工具"，在选项栏中单击渐变色块，弹出"渐变编辑器"窗口，拖动滑块调整渐变从白色到蓝色，如图5-85所示。在选项栏中单击"线性"按钮■，然后在图层中自上而下填充渐变颜色，如图5-86所示。

步骤03 ▶ 下面创建新图层，使用"套索工具"在底部单击确定一个起点，如图5-87所示。继续按住鼠标左键并拖动绘制出一个选区，然后设置前景色为浅蓝色，使用填充前景色快捷键Alt+Delete填充选区为浅蓝色，如图5-88所示。

步骤04 ▶ 用同样的方法再次使用"套索工具"绘制波纹选区并填充更浅的蓝色，如图5-89所示。

图5-83

图5-84

图5-85

图5-86

如图 5-94 所示。

步骤07 ▶ 按照同样的方法多次复制并缩小，制作出其他箭头，效果如图 5-95 所示。

图5-93　　　　　图5-94　　　　　图5-95

步骤08 ▶ 新建图层，单击工具箱中的"椭圆选框工具"按钮 ，按住 Shift 键拖曳绘制一个正圆形，设置前景色为白色，使用颜色填充快捷键 Alt+Delete 填充选区为白色，并调整该图层不透明度为 40%，如图 5-96 所示，效果如图 5-97 所示。

步骤09 ▶ 接着新建图层，使用"椭圆选框工具"在白圆上绘制一个正圆选区，然后设置前景色为紫色，使用颜色填充快捷键 Alt+Delete 填充选区为紫色，如图 5-98 所示。

图5-87

图5-88

图5-89

图5-96　　　　　图5-97 　　　　　图5-98

步骤05 ▶ 新建图层，单击工具箱中的"多边形套索工具"按钮，在画布中单击确定一个起点，如图 5-90 所示。然后移动鼠标并确定另外一个点，依此类推，绘制出一个箭头选区，如图 5-91 所示。然后设置前景色为蓝色，使用颜色填充快捷键 Alt+Delete 填充选区为蓝色，如图 5-92 所示。

技巧提示

为了保证前后绘制的两个圆形的中心重合，可以在图层面板中按住 Alt 键选中这两个图层，然后执行"图层 > 对齐 > 垂直居中"和"图层 > 对齐 > 水平居中"命令即可，如图 5-99 所示。

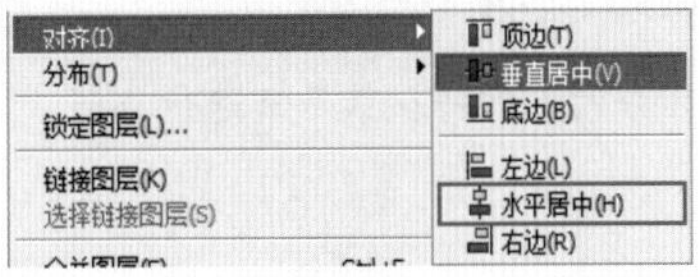

图5-90

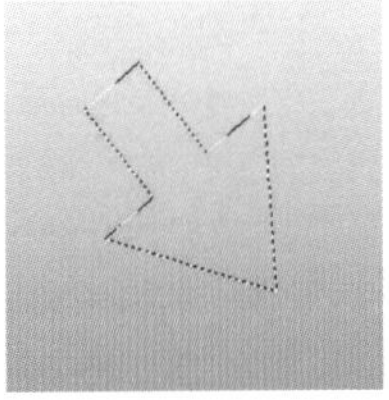

图5-91

图5-92

步骤06 ▶ 单击"选择工具"选择箭头图层，按住 Alt 键拖曳复制出一个副本，如图 5-93 所示。然后使用"自由变换工具"快捷键 Ctrl+T，将其等比例缩小，并摆放到其他位置，

图5-99

步骤10 ▶ 按照上述方法继续绘制正圆形，并填充为不同的颜色，放置在不同位置，如图 5-100 所示。

步骤11 ▶ 继续制作卡通人物剪影部分。使用"椭圆选框工具"绘制一个正圆并填充为黑色，如图 5-101 所示。

步骤 12 ▶ 使用"矩形选框工具"绘制一个矩形选框，将选区填充为黑色。再按"自由变换工具"快捷键 Ctrl+T，调整选框大小和角度，使之与圆形相接，如图 5-102 所示。

键拖曳复制出一个副本，如图 5-103 所示。然后使用"自由变换工具"快捷键 Ctrl+T，将其等比例缩小并调整位置作为手臂，如图 5-104 所示。

步骤 13 ▶ 选择黑色矩形，使用"移动工具"状态下按住 Alt

图5-100   图5-101   图5-102   图5-103   图5-104

 技巧提示

　　卡通人物的身体部分也可以使用"多边形套索工具"进行制作。

步骤 14 ▶ 继续选择小矩形选框，多次按住 Alt 键拖曳复制选框，然后使用"自由变换工具"快捷键 Ctrl+T 调整大小，放置在适当的位置上，如图 5-105 所示。

步骤 15 ▶ 按照同样的方法制作出一个白色卡通人物，如图 5-106 所示。

步骤 16 ▶ 最后选择"横排文字工具"，输入文字并设置文字大小和字体，然后为其添加投影效果，最终效果如图 5-107 所示。

图5-105   图5-106   图5-107

 知识说明

　　文字部分的制作将在第 7 章进行详解。

Chapter 06

第6章

图像绘制与修饰

任何图像都离不开颜色,使用 Photoshop 的画笔、文字、渐变、填充、蒙版、描边等工具修饰图像时,都需要设置相应的颜色。Photoshop 提供了很多种选取颜色的方法,可以针对前景色与背景色进行设置,也可以通过"颜色"面板和"色板"面板选取合适的颜色,或者可以更快捷地直接从图形中拾取颜色。

本章学习要点:

- 掌握前景色、背景色的设置方法
- 熟练掌握画笔工具与擦除工具的使用方法
- 掌握多种画笔的设置与应用
- 掌握多种修复工具的特性与使用方法
- 掌握图像润饰工具的使用方法

任何图像都离不开颜色，使用 Photoshop 的画笔、文字、渐变、填充、蒙版、描边等工具修饰图像时，都需要设置相应的颜色。Photoshop 提供了很多种选取颜色的方法，可以针对前景色与背景色进行设置，也可以通过"颜色"面板和"色板"面板选取合适的颜色，或者可以更快捷地直接从图形中拾取颜色。如图 6-1～图 6-4 所示为使用多种颜色绘制的作品。

图6-1　　　　　　　　图6-2　　　　　　　　　　图6-3　　　　　　　　图6-4

6.1.1　什么是前景色与背景色

在 Photoshop 中，前景色通常用于绘制图像、填充和描边选区等，如图 6-5 所示；背景色常用于生成渐变填充和填充图像中已抹除的区域，如图 6-6 所示。一些特殊滤镜也需要使用前景色和背景色，如"纤维"滤镜和"云彩"滤镜等。

图6-5　　　　　　　　图6-6

在 Photoshop 工具箱的底部有一组前景色和背景色设置按钮，如图 6-7 所示。在默认情况下，前景色为黑色，背景色为白色。

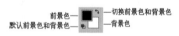

图6-7

　　前景色：单击前景色图标，可以在弹出的"拾色器"对话框中选取一种颜色作为前景。

　　背景色：单击背景色图标，可以在弹出的"拾色器"对话框中选取一种颜色作为背景。

　　切换前景色和背景色：单击 按钮可以切换所设置的前景色和背景色（快捷键为 X 键），如图 6-8 所示。

　　默认前景色和背景色：单击 按钮可以恢复默认前景色和背景色（快捷键为 D 键），如图 6-9 所示。

图6-8　　　　　　　　图6-9

6.1.2　使用拾色器选取颜色

在 Photoshop 中经常会使用"拾色器"对话框来设置颜色。在该对话框中，可以选择用 HSB、RGB、Lab 和 CMYK 4 种颜色模式来指定颜色，如图 6-10 所示。

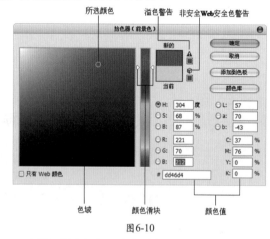

图6-10

　　色域 / 所选颜色：在色域中拖曳鼠标可以改变当前拾取的颜色。

　　新的 / 当前："新的"颜色块中显示的是当前所设置的颜色；"当前"颜色块中显示的是上一次使用过的颜色。

　　溢色警告 ⚠：由于 HSB、RGB 以及 Lab 颜色模式中的一些颜色在 CMYK 印刷模式中没有等同的颜色，所以无法准确印刷出来，这些颜色就是常说的"溢色"。出现警告以后，可以单击警告图标下面的颜色块，将颜色替换为与其最接近的 CMYK 颜色。

　　非 Web 安全色警告 ⬡：该警告图标表示当前所设置的颜色不能在网络上准确显示出来。单击警告图标下面的颜色块，可以将颜色替换为与其最接近的 Web 安全颜色。

颜色滑块：拖曳颜色滑块可以更改当前可选的颜色范围。在使用色域和颜色滑块调整颜色时，对应的颜色数值会发生相应的变化。

颜色值：显示当前所设置颜色的数值。可以通过输入数值来设置精确的颜色。

只有 Web 颜色：选中该复选框后，只在色域中显示Web 安全色，如图 6-11 所示。

添加到色板：单击该按钮，可以将当前所设置的颜色添加到"色板"面板中。

颜色库：单击该按钮，可以打开"颜色库"对话框。

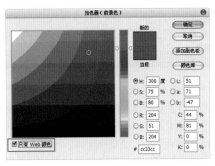

图6-11

6.1.3 在工具箱中选取颜色并填充

（1）在工具箱中单击前景色，如图 6-12 所示。在弹出的"拾色器"对话框中首先在颜色滑块中单击青绿色，然后到色板中合适的颜色上单击，设置前景色为绿色，如图 6-13 所示。

（2）选择需要操作的图层，使用前景色填充快捷键Alt+Delete 填充选区，效果如图 6-14 所示。

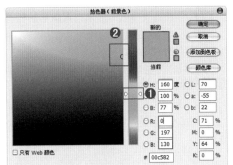

图6-12　　　　图6-13

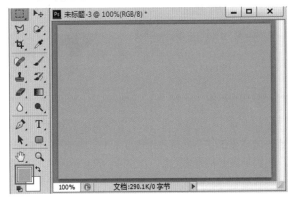

图6-14

6.1.4 吸管工具

使用"吸管工具"可以在画面中单击拾取图像中的任意颜色作为前景色，如图 6-15 所示。按住 Alt 键单击进行拾取可将当前拾取的颜色作为背景色，如图 6-16 所示。

图6-15　　　　　　　图6-16

 技巧提示

"吸管工具"的使用技巧如下：

（1）如果在使用绘画工具时需要暂时使用"吸管工具"拾取前景色，可以按住 Alt 键将当前工具切换到"吸管工具"，松开 Alt 键后即可恢复到之前使用的工具。

（2）使用"吸管工具"时，按住鼠标左键并将光标拖曳出画布之外，可以采集操作界面和界面以外的颜色信息。

6.2 "画笔"面板

"画笔"面板主要控制各种笔尖属性的设置，而且并不是只针对"画笔工具"属性的设置，而是针对大部分以画笔模式进行工作的工具，如画笔工具、铅笔工具、仿制图章工具、历史记录画笔工具、橡皮擦工具、加深工具、模糊工具等。使用"画笔"面板对画笔属性进行不同的设置，可以绘制出多种效果，如图 6-17 和图 6-18 所示。

图 6-17　　　　　　图 6-18

6.2.1 认识"画笔"面板

执行"窗口>画笔"命令，打开"画笔"面板。在认识其他绘制及修饰工具之前首先需要掌握"画笔"面板。"画笔"面板是最重要的面板之一，它可以设置绘画工具和修饰工具的笔刷种类、画笔大小和硬度等属性。"画笔"面板如图 6-19 所示。

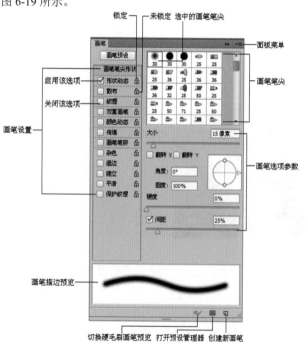

图 6-19

- 画笔预设：单击该按钮，可以打开"画笔预设"面板。
- 画笔设置：选择画笔设置选项，可以切换到与该选项相对应的内容。
- 启用/关闭选项：处于选中状态的选项代表启用状态；处于未选中状态的选项代表关闭状态。
- 锁定/未锁定：🔒图标代表该选项处于锁定状态，🔓图标代表该选项处于未锁定状态。锁定与解锁操作可以相互切换。
- 选中的画笔笔尖：当前处于选择状态的画笔笔尖。
- 画笔笔尖形状：显示 Photoshop 提供的预设画笔笔尖。
- 面板菜单：单击▼≡图标，可以打开"画笔"面板的菜单。
- 画笔选项参数：用来设置画笔的相关参数。
- 画笔描边预览：选择一个画笔以后，可以在预览框中预览该画笔的外观形状。
- 切换硬毛刷画笔预览：使用毛刷笔尖时，在画布中实时显示笔尖的样式。
- 打开预设管理器：打开"预设管理器"对话框。
- 创建新画笔：将当前设置的画笔保存为一个新的预设画笔。

6.2.2 笔尖形状设置

在"画笔笔尖形状"选项面板中可以设置画笔的形状、大小、硬度和间距等属性，如图 6-20 所示。

- 大小：控制画笔的大小，可以直接输入像素值，也可以通过拖曳滑块来设置画笔大小，如图 6-21 所示。

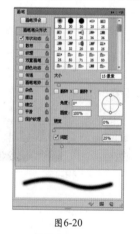

图 6-20

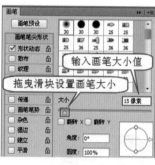

图 6-21

- "恢复到原始大小"按钮🔄：将画笔恢复到原始大小。
- 翻转 X/Y：将画笔笔尖在 X 轴或 Y 轴上进行翻转，如图 6-22 和图 6-23 所示。

Photoshop CS6 中文版基础培训教程

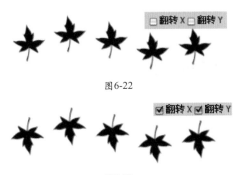

图6-22

图6-23

⊙ 角度：指定椭圆画笔或样本画笔的长轴在水平方向旋转的角度，如图6-24所示。

⊙ 圆度：设置画笔短轴和长轴之间的比率。当"圆度"值为100%时，表示圆形画笔，如图6-25所示；当"圆度"值为0时，表示线性画笔，如图6-26所示；介于0～100%的"圆度"值，表示椭圆画笔（呈"压扁"状态），如图6-27所示。

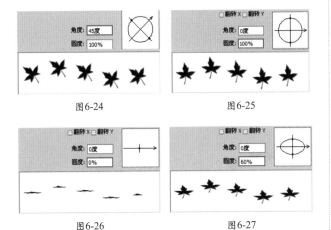

图6-24　　　　　　　　图6-25

图6-26　　　　　　　　图6-27

⊙ 硬度：控制画笔硬度中心的大小。数值越小，画笔的柔和度越高，如图6-28和图6-29所示。

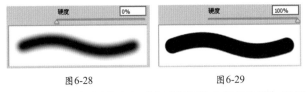

图6-28　　　　　　　　图6-29

⊙ 间距：控制描边中两个画笔笔迹之间的距离。数值越大，笔迹之间的距离越大，如图6-30和图6-31所示。

图6-30　　　　　　　　图6-31

6.2.3 "形状动态"选项的设置

"形状动态"可以决定描边中画笔笔迹的变化，如图6-32所示。它可以使画笔的大小、圆度等产生随机变化的效果，如图6-33和图6-34所示。

图6-33

图6-32　　　　　　　　图6-34

⊙ 大小抖动/控制：指定描边中画笔笔迹大小的改变方式。数值越大，图像轮廓越不规则。"控制"下拉列表中可以设置"大小抖动"的方式，其中"关"选项表示不控制画笔笔迹的大小变换；"渐隐"选项是按照指定数量的步长在初始直径和最小直径之间渐隐画笔笔迹的大小，使笔迹产生逐渐淡出的效果，如图6-35和图6-36所示；如果计算机配置有绘图板，可以选择"钢笔压力""钢笔斜度""光笔轮"或"旋转"选项，然后根据钢笔的压力、斜度、位置或旋转角度来改变初始直径和最小直径之间的画笔笔迹大小。

⊙ 最小直径：当启用"大小抖动"选项以后，通过该选项可以设置画笔笔迹缩放的最小缩放百分比。数值越大，笔尖的直径变化越小。

图6-35　　　　　　　　图6-36

⊙ 倾斜缩放比例：当"控制"设置为"钢笔斜度"时，该选项用来设置在旋转前应用于画笔高度的比例因子。

⊙ 角度抖动/控制：用来设置画笔笔迹的角度，如图6-37和图6-38所示。如果要设置"角度抖动"的方式，可以在下面的"控制"下拉列表中进行选择。

图6-37　　　　　　　　图6-38

⊙ 圆度抖动/控制/最小圆度：用来设置画笔笔迹的圆度在描边中的变化方式，如图6-39和图6-40所示。如果要设置"圆度抖动"的方式,可以在下面的"控制"下拉列表中进行选择。另外,"最小圆度"选项可以用来设置画笔笔迹的最小圆度。

圆度抖动 0%
图6-39

圆度抖动 100%
图6-40

- 翻转 X/Y 抖动:将画笔笔尖在 X 轴或 Y 轴上进行翻转。
- 画笔投影:可应用光笔倾斜和旋转来产生笔尖形状。使用光笔绘画时,需要将光笔更改为倾斜状态并旋转光笔以改变笔尖形状。

练习实例——通过设置"形状动态"绘制大小不同的心形

实例文件	练习实例——通过设置"形状动态"绘制大小不同的心形 .psd
视频教学	练习实例——通过设置"形状动态"绘制大小不同的心形 .flv
难易指数	★★★★★
技术要点	"形状动态"选项

实例效果

本例效果如图 6-41 所示。

图6-41

扫码看视频

操作步骤

步骤 01 打开本书配套资源中的背景素材文件,如图 6-42 所示。

步骤 02 创建新图层,设置前景色为白色,在工具箱中单击"画笔工具"按钮,然后按 F5 键打开"画笔"面板,接着选择一个心形画笔,设置"大小"为 74 像素,"间距"为 182%,如图 6-43 所示。

图6-42

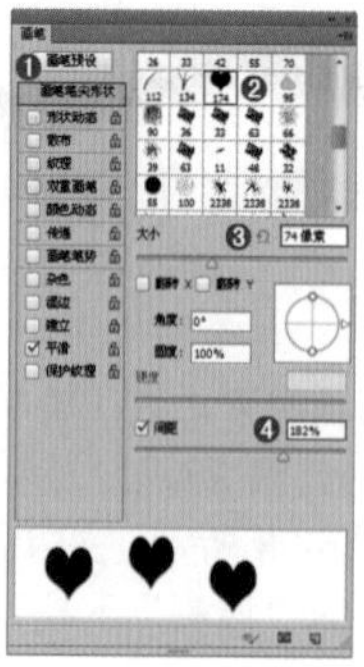

图6-43

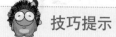 技巧提示

没有心形笔刷可以使用其他笔刷代替,也可以自行定义一个心形笔刷,关于自定义画笔的知识在前面的章节已经讲解过,这里不做重复叙述。

步骤 03 选中"形状动态"选项,然后设置"大小抖动"为 86%,"最小直径"为 19%,如图 6-44 所示。在"画笔"面板底部的画笔描边预览中可以看到当前画笔出现大小不同的效果。在天空进行绘制,效果如图 6-45 所示。

图6-44

图6-45

6.2.4 "散布"选项的设置

在"散布"选项面板中可以设置描边中笔迹的数目和位置,如图 6-46 所示。使画笔笔迹沿着绘制的线条扩散,如图 6-47 和图 6-48 所示。

图6-46

图6-47

图6-48

◉ 散布 / 两轴 / 控制：指定画笔笔迹在描边中的分散程度，该值越大，分散的范围越广，如图6-49所示。当选中"两轴"复选框时，画笔笔迹将以中心点为基准向两侧分散。如果要设置画笔笔迹的分散方式，可以在下面的"控制"下拉列表中进行选择。

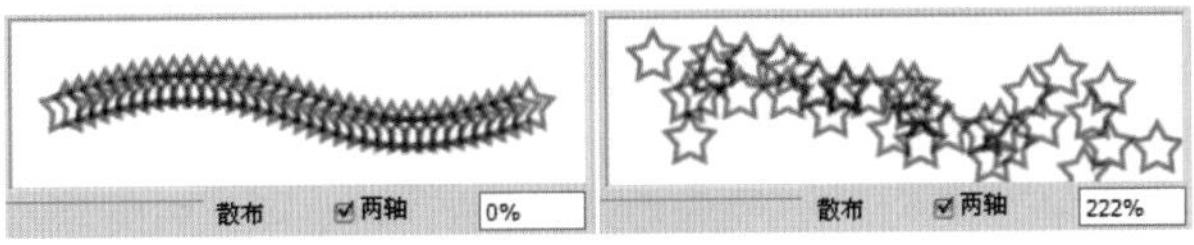

图6-49

◉ 数量：指定在每个间距间隔应用的画笔笔迹数量。数值越大，笔迹重复的数量越多，如图6-50所示。

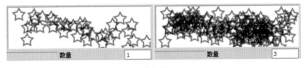

图6-50

◉ 数量抖动 / 控制：指定画笔笔迹的数量如何针对各种间距间隔产生变化，如图6-51所示。如果要设置"数量抖动"的方式，可以在下面的"控制"下拉列表中进行选择。

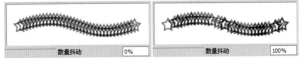

图6-51

6.2.5 "纹理"选项的设置

使用"纹理"选项可以绘制出带有纹理质感的笔触，"纹理"选项面板如图6-52所示。例如，可以在带纹理的画布上绘制效果等，如图6-53和图6-54所示。

图6-52

图6-53

图6-54

◉ 设置纹理 / 反相：单击图案缩览图右侧的倒三角图标，可以在弹出的"图案"拾色器中选择一个图案，并将其设置为纹理。如果选中"反相"复选框，可以基于图案中的

色调来反转纹理中的亮点和暗点，如图6-55所示。

图6-55

◉ 缩放：设置图案的缩放比例。数值越小，纹理越多，如图6-56所示。

图6-56

◉ 为每个笔尖设置纹理：将选定的纹理单独应用于画笔描边中的每个画笔笔迹，而不是作为整体应用于画笔描边。如果取消选中"为每个笔尖设置纹理"复选框，下面的"深度抖动"选项将不可用。

◉ 模式：设置用于组合画笔和图案的混合模式，如图6-57所示分别是"正片叠底"和"线性高度"模式。

图6-57

◉ 深度：设置油彩渗入纹理的深度。数值越大，渗入的深度越大，如图6-58所示。

图6-58

◉ 最小深度：当"深度抖动"下面的"控制"选项设置为"渐隐""钢笔压力""钢笔斜度"或"光笔轮"选项，并且选中"为每个笔尖设置纹理"复选框时，"最小深度"选项用来设置油彩可渗入纹理的最小深度。

◉ 深度抖动 / 控制：当选中"为每个笔尖设置纹理"复选框时，"深度抖动"选项用来设置深度的改变方式，如图6-59所示。若要指定如何控制画笔笔迹的深度变化，可以从下面的"控制"下拉列表中进行选择。

图6-59

6.2.6 "双重画笔"选项的设置

选中"双重画笔"选项可以使绘制的线条呈现出两种画笔的效果。首先设置"画笔笔尖形状"中主画笔参数属性，然后启用"双重画笔"选项，并从"双重画笔"选项中选择

另外一个笔尖（即双重画笔）。

其参数非常简单，大多与其他选项中的参数相同。最顶部的"模式"是指选择从主画笔和双重画笔组合画笔笔迹时要使用的混合模式，如图6-60所示。对比效果如图6-61和图6-62所示。

图6-61

图6-62

图6-60

6.2.7 "颜色动态"选项的设置

选中"颜色动态"选项，如图6-63所示。可以通过设置选项绘制出颜色变化的效果，如图6-64和图6-65所示。

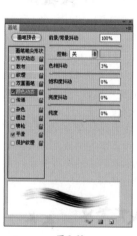

图6-64

图6-63

图6-65

🔘 **前景/背景抖动/控制**：用来指定前景色和背景色之间的油彩变化方式。数值越小，变化后的颜色越接近前景色；数值越大，变化后的颜色越接近背景色。如果要指定如何控制画笔笔迹的颜色变化，可以在下面的"控制"下拉列表中进行选择。如图6-66所示为前景色以及背景色，效果如图6-67所示。

图6-66

图6-67

🔘 **色相抖动**：设置颜色变化范围。数值越小，颜色越接近前景色；数值越大，色相变化越丰富，如图6-68所示。

图6-68

🔘 **饱和度抖动**：设置颜色的饱和度变化范围。数值越小，饱和度越接近前景色；数值越大，色彩的饱和度越高，如图6-69所示。

图6-69

🔘 **亮度抖动**：设置颜色的亮度变化范围。数值越小，亮度越接近前景色；数值越大，颜色的亮度值越大，如图6-70所示。

图6-70

🔘 **纯度**：用来设置颜色的纯度。数值越小，笔迹的颜色越接近于黑白色，如图6-71所示；数值越大，颜色饱和度越高，如图6-72所示。

图6-71

图6-72

6.2.8 "传递"选项的设置

"传递"选项中包含不透明度、流量、湿度、混合等抖动的控制，如图6-73所示。可以用来确定油彩在描边路线中的改变方式，如图6-74和图6-75所示。

图6-73　　　　　　　　　图6-75

图6-76

⊙ 不透明度抖动/控制：指定画笔描边中油彩不透明度的变化方式，最大值是选项栏中指定的不透明度值。如果要指定如何控制画笔笔迹的不透明度变化，可以从下面的"控制"下拉列表中进行选择。

⊙ 流量抖动/控制：用来设置画笔笔迹中油彩流量的变化程度。如果要指定如何控制画笔笔迹的流量变化，可以从下面的"控制"下拉列表中进行选择。

⊙ 湿度抖动/控制：用来控制画笔笔迹中油彩湿度的变化程度。如果要指定如何控制画笔笔迹的湿度变化，可以从下面的"控制"下拉列表中进行选择。

⊙ 混合抖动/控制：用来控制画笔笔迹中油彩混合的变化程度。如果要指定如何控制画笔笔迹的混合变化，可以从下面的"控制"下拉列表中进行选择。

6.2.9 "画笔笔势"选项的设置

"画笔笔势"选项用于调整毛刷画笔笔尖、侵蚀画笔笔尖的角度，如图6-76所示。

⊙ 倾斜X/倾斜Y：使笔尖沿X轴或Y轴倾斜。

⊙ 旋转：设置笔尖旋转效果。

⊙ 压力：压力数值越大，绘制速度越快，线条效果越粗犷。

6.2.10 其他选项的设置

"画笔"面板中还有"杂色""湿边""建立""平滑"和"保护纹理"5个选项，如图6-77所示。这些选项不能调整参数，如果要启用其中某个选项，将其选中即可。

图6-77

⊙ 杂色：为个别画笔笔尖增加额外的随机性，如图6-78和图6-79所示分别是取消选中和选中"杂色"选项时的笔迹效果。当使用柔边画笔时，该选项效果最明显。

图6-78

图6-79

⊙ 湿边：沿画笔描边的边缘增大油彩量，从而创建出水彩效果，如图6-80和图6-81所示分别是取消选中和选中"湿边"选项时的笔迹效果。

图6-80　　　　　　　图6-81

⊙ 建立：模拟传统的喷枪技术，根据鼠标按键的单击程度确定画笔线条的填充数量。

⊙ 平滑：在画笔描边中生成更加平滑的曲线。当使用压感笔进行快速绘画时，该选项最有效。

⊙ 保护纹理：将相同图案和缩放比例应用于具有纹理的所有画笔预设。选中该选项后，在使用多个纹理画笔绘画时，可以模拟出一致的画布纹理。

实例文件	视频陪练——制作照片散景效果 .psd
视频教学	视频陪练——制作照片散景效果 .flv
难易指数	★★★★★
技术要点	"形状动态""散布""颜色动态""湿边"选项

扫码看视频

实例效果

如图 6-82 和图 6-83 所示分别为原图和效果图。

图6-82　　　　　　　图6-83

6.3 绘画工具

Photoshop 中的绘制工具有很多种，包括"画笔工具""铅笔工具""颜色替换工具"和"混合器画笔工具"等。使用这些工具不仅能够绘制出传统意义上的插画，还能够对数码相片进行美化处理及制作各种特效，如图 6-84～图 6-86 所示。

图6-84　　　　　　　　　　图6-85　　　　　　　　　　图6-86

6.3.1 画笔工具

"画笔工具"是使用频率最高的工具之一，它可以使用前景色绘制出各种线条，同时也可以利用它来修改通道和蒙版。首先设置合适的前景色，然后在画笔工具选项栏中单击"画笔预设选取器"，从中选择合适的画笔类型，并设置画笔大小以及硬度。还可以在选项栏中设置画笔的混合模式、不透明度等参数，如图 6-87 所示是"画笔工具"的选项栏。设置完毕后在画面中按住鼠标左键并拖动光标，即可以当前的前景色进行绘制。如果需要进行复杂的画笔设置，则需要打开"画笔"面板。

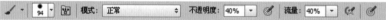

图6-87

"画笔预设"选取器：单击倒三角形图标，可以打开"画笔预设"选取器，在这里面可以选择笔尖、设置画笔的大小和硬度。

技巧提示

在英文输入法状态下，可以按 [键和] 键来减小或增大画笔笔尖的大小。

模式：设置绘画颜色与下面现有像素的混合方法，如图 6-88 和图 6-89 所示分别是使用"正片叠底"模式和"强光"模式绘制的笔迹效果。可用模式将根据当前选定工具的不同而变化。

图6-88　　　　　　　图6-89

不透明度：设置画笔绘制出来的颜色的不透明度。数值越大，笔迹的不透明度越高，如图 6-90 所示；数值越小，笔迹的不透明度越低，如图 6-91 所示。

图6-90   图6-91

 技巧提示

在使用"画笔工具"绘画时，可以按数字键0～9来快速调整画笔的"不透明度"，数字1代表10%，数字9代表90%，数字0代表100%。

 流量：设置当光标移到某个区域上方时应用颜色的速率。在某个区域上方进行绘画时，如果一直按住鼠标左键，颜色量将根据流动速率增大，直至达到"不透明度"设置。

 技巧提示

"流量"也有快捷键，按住Shift+数字键0～9即可快速设置流量。

"启用喷枪模式"按钮 ：激活该按钮后，可以启用喷枪功能，Photoshop会根据鼠标左键的单击程度来确定画笔笔迹的填充数量。例如，关闭喷枪功能时，每单击一次会绘制一个笔迹，如图6-92所示；而启用喷枪功能以后，按住鼠标左键不放，即可持续绘制笔迹，如图6-93所示。

图6-92   图6-93

 "绘图板压力控制大小"按钮 ：使用压感笔压力可以覆盖"画笔"面板中的"不透明度"和"大小"设置。

 技巧提示

如果使用绘图板绘画，则可以在"画笔"面板和选项栏中通过设置钢笔压力、角度、旋转或光笔轮来控制应用颜色的方式。

视频陪练——制作绚丽光斑

实例文件	视频陪练——制作绚丽光斑 .psd
视频教学	视频陪练——制作绚丽光斑 .flv
难易指数	★★★★★
技术要点	画笔工具

实例效果

本例原图和效果图分别如图6-94和图6-95所示。

图6-94   图6-95

6.3.2 铅笔工具

"铅笔工具"与"画笔工具"相似，使用方法也基本相同。但是"铅笔工具"更善于绘制硬边线条，例如近年来比较流行的像素画以及像素游戏都可以使用铅笔工具进行绘制，如图6-96～图6-98所示。"铅笔工具"的选项栏如图6-99所示。

 自动抹除：选中该复选框后，如果将光标中心放置在包含前景色的区域上，可以将该区域涂抹成背景色，如图6-100所示；如果将光标中心放置在不包含前景色的区域上，则可以将该区域涂抹成前景色，如图6-101所示。

图6-96   图6-97   图6-98

图6-99

图6-100 　　　　　　　　　图6-101

技巧提示

注意，"自动抹除"选项只适用于原始图像，也就是只有在原始图像上才能绘制出设置的前景色和背景色。如果是在新建的图层中进行涂抹，则"自动抹除"选项不起作用。

6.3.3　颜色替换工具

"颜色替换工具"可以将选定的颜色替换为其他颜色，选择需要处理的图层，如图6-102所示。单击工具箱中的"颜色替换工具"，在其选项栏中设置颜色替换的模式以及取样方式、容差等数值，设置前景色为粉色，接着使用"颜色替换工具"在图像中衣服部分进行涂抹，这样黄色衣服就变成了粉色。效果如图6-103所示。其选项栏如图6-104所示。

图6-102 　　　　　　　　　图6-103

图6-104

◎ **模式**：选择替换颜色的模式，包括"色相""饱和度""颜色"和"明度"4个模式。当选择"颜色"模式时，可以同时替换色相、饱和度和明度。

◎ **取样**：用来设置颜色的取样方式。激活"取样：连续"按钮后，在拖曳光标时，可以对颜色进行取样；激活"取样：一次"按钮后，只替换包含第1次单击的颜色区域中的目标颜色；激活"取样：背景色板"按钮后，只替换包含当前背景色的区域。

◎ **限制**：当选择"不连续"选项时，可以替换出现在光标下任何位置的样本颜色；当选择"连续"选项时，只替换与光标下的颜色接近的颜色；当选择"查找边缘"选项时，可以替换包含样本颜色的连接区域，同时保留形状边缘的锐化程度。

◎ **容差**：用来设置"颜色替换工具"的容差，数值越大，在绘制时影响的颜色范围越大。

◎ **消除锯齿**：选中该复选框后，可以消除颜色替换区域的锯齿效果，从而使图像变得平滑。

视频陪练——使用"颜色替换工具"改变环境颜色

实例文件	视频陪练——使用"颜色替换工具"改变环境颜色.psd
视频教学	视频陪练——使用"颜色替换工具"改变环境颜色.flv
难易指数	★★★★★
技术要点	颜色替换工具

实例效果

本例主要是针对"颜色替换工具"的使用方法进行练习，对比效果如图6-105和图6-106所示。

扫码看视频

图6-105 　　　　　　　　　图6-106

6.3.4 混合器画笔工具

"混合器画笔工具"可以像传统绘画过程中混合颜料一样混合像素。所以使用"混合器画笔工具"可以轻松模拟真实的绘画效果，并且可以混合画布颜色和使用不同的绘画湿度。选择一张图片，如图6-107所示。单击工具箱中的"混合器画笔工具"，在选项栏中设置合适的画笔笔尖及前景色，然后在画面中按住鼠标左键并拖动绘制，使其呈现出水粉画效果，继续使用同样的方式绘制画面中的其他部分，最终效果如图6-108所示。其选项栏如图6-109所示。

图6-107　　　　　　　图6-108

图6-109

- ● 潮湿：控制画笔从画布拾取的油彩量。较高的设置会产生较长的绘画条痕。
- ● 载入：指定储槽中载入的油彩量。载入速率较低时，绘画描边干燥的速度会更快。
- ● 混合：控制画布油彩量与储槽油彩量的比例。当混合比例为100%时，所有油彩将从画布中拾取；当混合比例为0时，所有油彩都来自储槽。
- ● 流量：控制混合画笔的流量大小。
- ● 对所有图层取样：拾取所有可见图层中的画布颜色。

6.4 图像擦除工具

Photoshop提供了3种擦除工具，分别是"橡皮擦工具" 🖌、"背景橡皮擦工具" 🖌 和"魔术橡皮擦工具" 🖌。

6.4.1 橡皮擦工具

"橡皮擦工具"可以将像素更改为背景色或透明。使用方法非常简单，首先在选项栏中设置合适的画笔大小以及不透明度等参数，设置完毕后在画面中按住鼠标左键进行涂抹即可。使用该工具在普通图层中按住鼠标左键进行擦除，则擦除的像素将变成透明，在"背景"图层或锁定了透明像素的图层中进行擦除，则擦除的像素将变成背景色，如图6-110和图6-111所示。其选项栏如图6-112所示。

- ● 模式：选择橡皮擦的种类。选择"画笔"选项时，可以创建柔边擦除效果；选择"铅笔"选项时，可以创建硬边擦除效果；选择"块"选项时，擦除的效果为块状。
- ● 不透明度：用来设置"橡皮擦工具"的擦除强度。

图6-110　　　　　　　图6-111

图6-112

设置为100%时，可以完全擦除像素。当设置"模式"为"块"时，该选项将不可用。

- ● 流量：用来设置"橡皮擦工具"的涂抹速度。
- ● 抹到历史记录：选中该复选框后，"橡皮擦工具"的作用相当于"历史记录画笔工具"。

视频陪练——使用"橡皮擦工具"制作图像

实例文件	视频陪练——使用"橡皮擦工具"制作图像.psd
视频教学	视频陪练——使用"橡皮擦工具"制作图像.flv
难易指数	★★★★★
技术要点	橡皮擦工具

扫码看视频

实例效果

如图6-113和图6-114所示分别为本例原图和效果图。

图6-113　　　　　　　图6-114

6.4.2 背景橡皮擦工具

"背景橡皮擦工具"是一种基于色彩差异的智能化擦除工具。其功能非常强大，除了可以用来擦除图像以外，最重要的方面是运用在抠图中。设置好背景色以后，使用该工具可以在抹除背景的同时保留前景对象的边缘，如图6-115和图6-116所示。其选项栏如图6-117所示。

图6-115   图6-116

图6-117

◉ 取样：用来设置取样的方式。激活"取样：连续"按钮，在拖曳光标时可以连续对颜色进行取样，凡是出现在光标中心十字线以内的图像都将被擦除，如图6-118所示；激活"取样：一次"按钮，只擦除包含第1次单击处颜色的图像，如图6-119所示；激活"取样：背景色板"按钮，只擦除包含背景色的图像，如图6-120所示。

图6-118

图6-119   图6-120

◉ 限制：设置擦除图像时的限制模式。选择"不连续"选项时，可以擦除出现在光标下任何位置的样本颜色；选择

"连续"选项时，只擦除包含样本颜色并且相互连接的区域；选择"查找边缘"选项时，可以擦除包含样本颜色的连接区域，同时更好地保留形状边缘的锐化程度。

◉ 容差：用来设置颜色的容差范围。

◉ 保护前景色：选中复选框以后，可以防止擦除与前景色匹配的区域。

6.4.3 魔术橡皮擦工具

使用"魔术橡皮擦工具"在图像中单击时，可以将所有相似的像素更改为透明（如果在已锁定了透明像素的图层中工作，这些像素将更改为背景色），选择一张图片，如图6-121所示，单击工具箱中的"魔术橡皮擦工具"，在选项栏中设置适当的参数，然后在图像下方单击，可以看到下方背景被去除，继续单击可以顺利擦除背景，效果如图6-122所示。其选项栏如图6-123所示。

图6-121   图6-122

图6-123

◉ 容差：用来设置可擦除的颜色范围。

◉ 消除锯齿：可以使擦除区域的边缘变得平滑。

◉ 连续：选中该复选框，只擦除与单击点像素邻近的像素；取消选中该复选框，可以擦除图像中所有相似的像素。

◉ 不透明度：用来设置擦除的强度。值为100%时，将完全擦除像素；较小的值可以擦除部分像素。

实例文件	视频陪练——使用"魔术橡皮擦工具"为图像换背景 .psd
视频教学	视频陪练——使用"魔术橡皮擦工具"为图像换背景 .flv
难易指数	★★★★★
技术要点	魔术橡皮擦工具

扫码看视频

实例效果

如图6-124和图6-125所示分别为本例原图以及效果图。

图6-124   图6-125

6.5 图像修复工具

在传统摄影中，很多元素都需要"一次成型"，不仅对操作人员以及设备提出很高的要求，并且诸多问题和瑕疵是在所难免的。图像的数字化处理则解决了这个问题，Photoshop 的修复工具包括"污点修复画笔工具"、"修复画笔工具"、"修补工具"和"红眼工具"。使用这些工具能够方便快捷地修复数码相片中的瑕疵，如人像面部的斑点、皱纹、红眼，环境中多余的人以及不合理的杂物等，如图 6-126～图 6-128 所示。

图6-126

图6-127

图6-128

6.5.1 仿制图章工具

"仿制图章工具"可以将图像的一部分绘制到同一图像的另一个位置或具有相同颜色模式的任何打开文档的另一部分，当然也可以将一个图层的一部分绘制到另一个图层上。"仿制图章工具"对于复制对象或修复图像中的缺陷非常有用，其选项栏如图 6-129 所示。

图6-129

- "切换画笔面板"按钮：打开或关闭"画笔"面板。
- "切换仿制源面板"按钮：打开或关闭"仿制源"面板。
- 对齐：选中该复选框以后，可以连续对像素进行取样，即使是释放鼠标，也不会丢失当前的取样点。

技巧提示

如果取消选中"对齐"复选框，则会在每次停止并重新开始绘制时使用初始取样点中的样本像素。

- 样本：从指定的图层中进行数据取样。

练习实例——使用"仿制图章工具"修补草地

实例文件	练习实例——使用"仿制图章工具"修补草地 .psd
视频教学	练习实例——使用"仿制图章工具"修补草地 .flv
难易指数	★★★★★
技术要点	仿制图章工具

扫码看视频

实例效果

如图 6-130 和图 6-131 所示分别为本例原图和效果图。

操作步骤

步骤 01 打开本书配套资源中的素材文件，如图 6-132 所示。

图6-130

图6-131

图6-132

单击"仿制图章工具"按钮 ，在选项栏中设置一种柔边圆图章，设置其大小为 100，"模式"为"正常"，"不透明度"为 100%，"流量"为 100%，选中"对齐"复选框，"样本"为"当前图层"，如图 6-133 所示。

图6-133

步骤 03 按住 Alt 键单击吸取草地部分，如图 6-134 所示。在花朵处按住鼠标左键并拖动，遮盖住花朵，如图 6-135 所示。

步骤 04 最终效果如图 6-136 所示。

图6-134　　　　　　　　　图6-135　　　　　　　　　图6-136

6.5.2　图案图章工具

　　"图案图章工具"可以使用预设图案或载入的图案进行绘画。选择一张图片，如图 6-137 所示。选择工具箱中的"图案图章工具"，在选项栏中设置适当的画笔大小及图案样式等选项。然后在画面中按住鼠标左键进行涂抹，可以看到图案样式出现在衣服上，继续涂抹其他部分，再涂抹细节区域时适当减小画笔大小，最终效果如图 6-138 所示。其选项栏如图 6-139 所示。

图6-137　　　　　　图6-138

图6-139

　　● 对齐：选中该复选框以后，可以保持图案与原始起点的连续性，即使多次单击也不例外，如图 6-140 所示；取消选择时，则每次单击都重新应用图案，如图 6-141 所示。

　　● 印象派效果：选中该复选框后，可以模拟出印象派效果的图案，如图 6-142 和图 6-143 所示分别是取消选中和选中"印象派效果"复选框时的效果。

图6-140　　　　　　　　图6-141　　　　　　　　图6-142　　　　　　　　图6-143

视频陪练——使用"图案图章工具"制作印花服装

实例文件	视频陪练——使用"图案图章工具"制作印花服装 .psd
视频教学	视频陪练——使用"图案图章工具"制作印花服装 .flv
难易指数	★★★★★
技术要点	图案图章工具

扫码看视频

实例效果

如图 6-144 和图 6-145 所示分别为本例原图和效果图。

图6-144　　　　　　图6-145

6.5.3　污点修复画笔工具

使用"污点修复画笔工具"可以消除图像中的污点和某个对象，如图 6-146 所示。"污点修复画笔工具"不需要设置取样点，直接在画面中单击，即可去除污点。因为它可以自动从所修饰区域的周围进行取样，直接在画面中单击，即可去除污点。其选项栏如图 6-147 所示。

图6-146

图6-147

○ 模式：用来设置修复图像时使用的混合模式。除"正常""正片叠底"等常用模式以外，还有"替换"模式，该模式可以保留画笔描边的边缘处的杂色、胶片颗粒和纹理。

○ 类型：用来设置修复的方法。选中"近似匹配"单选按钮时，可以使用选区边缘周围的像素来查找要用作选定区域修补的图像区域；选中"创建纹理"单选按钮时，可以使用选区中的所有像素创建一个用于修复该区域的纹理；选中"内容识别"单选按钮时，可以使用选区周围的像素进行修复。

视频陪练——使用"污点修复画笔工具"去斑

实例文件	视频陪练——使用"污点修复画笔工具"去斑 .psd
视频教学	视频陪练——使用"污点修复画笔工具"去斑 .flv
难易指数	★★★★★
技术要点	污点修复画笔工具

扫码看视频

实例效果

本例主要是针对如何使用"污点修复画笔工具"进行练习，如图 6-148 和图 6-149 所示分别为原图和效果图。

图6-148　　　　　　图6-149

6.5.4　修复画笔工具

与"仿制图章工具"相似，"修复画笔工具"可以修复图像的瑕疵，也可以用图像中的像素作为样本进行绘制。不同的是，"修复画笔工具"还可以将样本像素的纹理、光照、透明度和阴影与所修复的像素进行匹配，从而使修复后的像素不留痕迹地融入图像的其他部分。

选择一张图片，如图 6-150 所示。可见图像中左侧有多余人物，要去除该人物，可单击工具箱中的"修复画笔工具"按钮，在选项栏中设置适当的参数。然后在没有人物的区域按住 Alt 键单击进行取样，然后在多余的部分处涂抹，软件会自动计算并去除该对象，效果如图 6-151 所示。其选项栏如图 6-152 所示。

图6-150　　　　　　图6-151

图6-152

○ 源：设置用于修复像素的源。选中"取样"单选按钮时，可以使用当前图像的像素来修复图像；选中"图案"单选按钮时，可以使用某个图案作为取样点。

○ 对齐：选中该复选框，可以连续对像素进行取样，即使释放鼠标也不会丢失当前的取样点；取消选中"对齐"复选框后，则会在每次停止并重新开始绘制时使用初始取样点中的样本像素。

实例文件	视频陪练——使用"修复画笔工具"消除眼袋.psd
视频教学	视频陪练——使用"修复画笔工具"消除眼袋.flv
难易指数	★★★★★
技术要点	修复画笔工具

扫码看视频

实例效果

本例主要使用"修复画笔工具"去除人像眼部的眼袋，如图6-153和图6-154所示分别为原图和效果图。

图6-153　　　　　　图6-154

6.5.5　修补工具

"修补工具"可以利用样本或图案来修复所选图像区域中不理想的部分。

选择一张图片，如图6-155所示。单击工具箱中的"修补工具"，在选项栏中单击"新选区"按钮，并选中"源"单选按钮，然后绘制出需要去除区域的选区，如图6-156所示。按住鼠标左键向没有瑕疵的区域拖动，释放鼠标能够看到需要修复的瑕疵部分与正常的区域很好地混合了，使用快捷键Ctrl+D取消选区。效果如图6-157所示。"修补工具"的选项栏如图6-158所示。

图6-155　　　　　　图6-156　　　　　　图6-157

图6-158

🔘 修补：创建选区以后，选中"源"单选按钮时，将选区拖曳到要修补的区域以后，释放鼠标就会用当前选区中的图像修补原来选中的内容，如图6-159所示；选中"目标"单选按钮时，则会将选中的图像复制到目标区域，如图6-160所示。

🔘 透明：选中该复选框后，可以使修补的图像与原始图像产生透明的叠加效果，该选项适用于修补具有清晰分明的纯色背景或渐变背景的图像。

🔘 使用图案：使用"修补工具"创建选区以后，单击"使用图案"按钮 [使用图案] ，可以使用图案修补选区内的图像，如图6-161和图6-162所示。

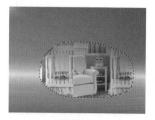

图6-159　　　　　　图6-160　　　　　　图6-161　　　　　　图6-162

实例文件	练习实例——使用"修补工具"去除瑕疵.psd
视频教学	练习实例——使用"修补工具"去除瑕疵.flv
难易指数	★★★★★
技术要点	修补工具

扫码看视频

实例效果

本例主要使用"修补工具"去除图像地面的瑕疵，如图6-163和图6-164所示分别为原图和效果图。

图6-163　　　　　　图6-164

Photoshop CS6 中文版基础培训教程

操作步骤

步骤 01 打开本书配套资源中的素材文件，可以看到影棚地面上有很多裂痕，影响整体效果，如图 6-165 所示。

步骤 02 单击工具箱中的"修补工具"按钮 ，在选项栏中单击"新选区"按钮 ，并选中"源"单选按钮，拖曳鼠标绘制地面裂痕部分的选区，如图 6-166 所示。按住鼠标左键向平整的地面部分拖动，如图 6-167 所示。

步骤 03 释放鼠标能够看到需要修复的瑕疵部分与正常的地面进行了很好的混合，如图 6-168 所示。

步骤 04 用同样的方法修补其他瑕疵，最终效果如图 6-169 所示。

图6-165

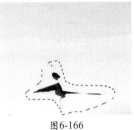
图6-166

图6-167

图6-168

图6-169

6.5.6 内容感知移动工具

使用"内容感知移动工具"可以在无须复杂图层或慢速精确地选择选区的情况下快速地重构图像。"内容感知移动工具"的选项栏与"修补工具"的选项栏相似，如图 6-170 所示。首先单击工具箱中的"内容感知移动工具"，在图像上绘制区域，并将影像任意地移动到指定的区块中，这时 Photoshop 就会自动将影像与四周的景物融合在一起，而原始的区域则会进行智能填充，如图 6-171～图 6-173 所示。

图6-170

图6-171

图6-172

图6-173

6.5.7 红眼工具

在光线较暗的环境中照相时，由于主体的虹膜张开得很宽，经常会出现"红眼"现象。"红眼工具"可以在红色瞳孔处单击，快速去除由闪光灯导致的红色反光，如图 6-174 和图 6-175 所示为原图以及效果图。红眼工具的选项栏如图 6-176 所示。

● 瞳孔大小：用来设置眼睛暗色中心的大小。

● 变暗量：用来设置瞳孔的暗度。

图6-174

图6-175

图6-176

图像润饰工具组包括两组 6 个工具："模糊工具" 🄐 、"锐化工具" 🄐 和"涂抹工具" 🄐 可以对图像进行模糊、锐化和涂抹处理；"减淡工具" 🄐 、"加深工具" 🄐 和"海绵工具" 🄐 可以对图像局部的明暗、饱和度等进行处理。

6.6.1 模糊工具

"模糊工具"可柔化硬边缘或减少图像中的细节。选择一张图片，如图 6-177 所示。单击工具箱中的"模糊工具"，在选项栏中设置合适的画笔笔刷及强度，在图像中按住鼠标左键并拖动绘制，如图 6-178 所示。使用该工具在某个区域上方绘制的次数越多，该区域就越模糊，如图 6-179 所示。"模糊工具"的选项栏如图 6-180 所示。

- 🄐 模式：用来设置"模糊工具"的混合模式，包括"正常""变暗""变亮""色相""饱和度""颜色"和"明度"。
- 🄐 强度：用来设置"模糊工具"的模糊强度。

| 图6-177 | 图6-178 | 图6-179 |

图6-180

视频陪练——使用"模糊工具"模拟景深效果

实例文件	视频陪练——使用"模糊工具"模拟景深效果.psd
视频教学	视频陪练——使用"模糊工具"模拟景深效果.flv
难易指数	★★★★★
技术要点	模糊工具

实例效果

本例效果如图 6-181 所示。

扫码看视频

图6-181

6.6.2 锐化工具

"锐化工具"与"模糊工具"相反，可以增强图像中相邻像素之间的对比，以提高图像的清晰度，选择一个图片，如图 6-182 所示。单击工具箱中的"锐化工具"，在选项栏中设置适当的画笔大小及强度，然后对图像进行涂抹，被涂抹的区域细节变得更加清晰。在绘制过程要适当改变画笔大小，效果如图 6-183 所示。"锐化工具"与"模糊工具"的大部分选项相同，如图 6-184 所示。选中"保护细节"复选框后，在进行锐化处理时，将对图像的细节进行保护。

| 图6-182 | 图6-183 |

图6-184

Photoshop CS6 中文版基础培训教程

视频陪练——使用"锐化工具"锐化人像

实例文件	视频陪练——使用"锐化工具"锐化人像 .psd
视频教学	视频陪练——使用"锐化工具"锐化人像 .flv
难易指数	★★★★★
技术要点	锐化工具

扫码看视频

实例效果

本例主要是针对"锐化工具"的基本使用方法进行练习,如图 6-185 和图 6-186 所示分别为原图和效果图。

图6-185　　　　　　　　图6-186

6.6.3 涂抹工具

"涂抹工具"可以模拟手指滑过湿油漆时所产生的效果。选择一个图片。单击工具箱中的"涂抹工具",在选项栏中设置适当的画笔大小及强度,然后在图像中按住鼠标左键拖动进行涂抹,在绘制过程要适当改变画笔大小,该工具可以拾取鼠标单击处的颜色,并沿着拖曳的方向展开这种颜色,对比效果如图 6-187 所示。

原图　　　　　　　　使用涂抹工具涂抹

图6-187

"涂抹工具"的选项栏如图 6-188 所示。

图6-188

- 模式:用来设置"涂抹工具"的混合模式,包括"正常""变暗""变亮""色相""饱和度""颜色"和"明度"。
- 强度:用来设置"涂抹工具"的涂抹强度。
- 手指绘画:选中该复选框后,可以使用前景色进行涂抹绘制。

6.6.4 减淡工具

"减淡工具"可以对图像亮部、中间调和暗部分别进行减淡处理,在某个区域上方绘制的次数越多,该区域就会变得越亮。选择一张图片,如图 6-189 所示。单击工具箱中的"减淡工具",在选项栏中设置涂抹的范围和强度。然后对图像进行涂抹,效果如图 6-190 所示。其选项栏如图 6-191 所示。

图6-189　　　　　　　　图6-190

图6-191

- 范围:选择要修改的色调。选择"中间调"选项时,可以更改灰色的中间范围;选择"阴影"选项时,可以更改暗部区域;选择"高光"选项时,可以更改亮部区域。
- 曝光度:用于设置减淡的强度。
- 保护色调:可以保护图像的色调不受影响。

视频陪练——使用"减淡工具"清理背景

实例文件	视频陪练——使用"减淡工具"清理背景 .psd
视频教学	视频陪练——使用"减淡工具"清理背景 .flv
难易指数	★★★★★
技术要点	减淡工具

扫码看视频

实例效果

本例效果如图 6-192 所示。

图6-192

6.6.5 加深工具

"加深工具"可以对图像进行加深处理。选择一张图片,如图 6-193 所示。单击工具箱中的"加深工具",在选项栏中设置涂抹的范围和强度。然后在图像上按住鼠标左键进行涂抹,使画面变暗,在某个区域上方绘制的次数越多,该区域就会变得越暗,最终效果如图 6-194 所示。

图6-193　　　　　　　　图6-194

视频陪练——使用“加深工具”增加人像神采

实例文件	视频陪练——使用“加深工具”增加人像神采.psd
视频教学	视频陪练——使用“加深工具”增加人像神采.flv
难易指数	★★★★★
技术要点	加深工具

扫码看视频

实例效果

本例主要是针对“加深工具”的基本使用方法进行练习，如图6-195和图6-196所示分别为原图和效果图。

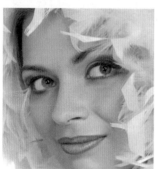

图6-195

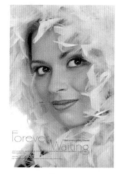

图6-196

6.6.6 海绵工具

“海绵工具”可以增加或降低图像中某个区域的饱和度。选择一张图片，如图6-197所示。单击工具箱中的“海绵工具”，在选项栏中可以设置工具的大小、模式以及强度。在这里设置其“模式”为“降低饱和度”，然后在图像下方的蝴蝶部分进行涂抹，降低其饱和度，效果如图6-198所示。如果是灰度图像，该工具将通过灰阶远离或靠近中间灰色来增加或降低对比度。“海绵工具”的选项栏如图6-199所示。

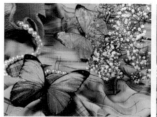

图6-197

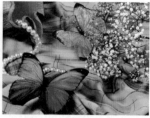

图6-198

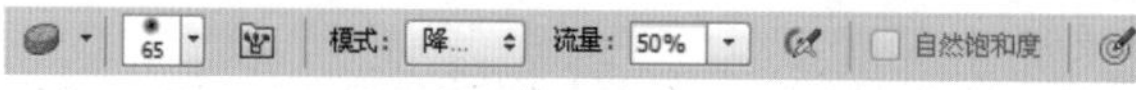

图6-199

- 模式：选择“饱和”选项时，可以增加色彩的饱和度；选择“降低饱和度”选项时，可以降低色彩的饱和度。
- 流量：可以为“海绵工具”指定流量。数值越大，“海绵工具”的强度越大，效果越明显。
- 自然饱和度：选中该复选框后，可以在增加饱和度的同时防止颜色过度饱和而产生溢色现象。

视频陪练——使用“海绵工具”将背景变为灰调

实例文件	视频陪练——使用“海绵工具”将背景变为灰调.psd
视频教学	视频陪练——使用“海绵工具”将背景变为灰调.flv
难易指数	★★★★★
技术要点	海绵工具

扫码看视频

实例效果

本例对比效果如图6-200和图6-201所示。

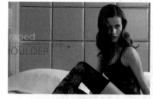

图6-200

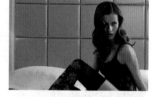

图6-201

6.7 图像填充工具

填充是Photoshop中最常用到的操作之一。Photoshop提供了两种图像填充工具，分别是“渐变工具”和“油漆桶工具”。通过这两种填充工具，可在指定区域或整个图像中填充纯色、渐变或图案等。

6.7.1 渐变工具

“渐变工具”的应用非常广泛，它不仅可以填充图像，还可以用来填充图层蒙版、快速蒙版和通道等。“渐变工具”可以在整个文档或选区内填充渐变色，并且可以创建多种颜色间的混合效果。

单击工具箱中的“渐变工具”，接着单击控制栏中的渐变色条，在弹出的“渐变编辑器”窗口中编辑渐变颜色，设置完成后单击“确定”按钮。接着在画面中按住鼠标左键拖动，释放鼠标后即可看到填充效果。其选项栏如图6-202所示。

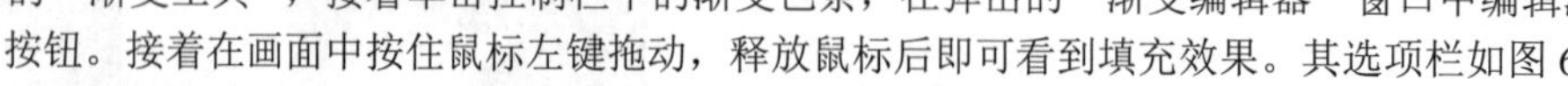

图6-202

渐变颜色条：显示了当前的渐变颜色，单击右侧的倒三角图标，可以打开"渐变"拾色器，如图 6-203 所示。如果直接单击渐变颜色条，则会弹出"渐变编辑器"窗口，在该窗口中可以编辑渐变颜色或者保存渐变等，如图 6-204 所示。

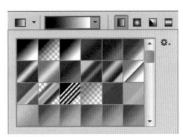

图6-203　　　　　　　　　　　图6-204

渐变类型：激活"线性渐变"按钮，可以以直线方式创建从起点到终点的渐变，如图 6-205 所示；激活"径向渐变"按钮，可以以圆形方式创建从起点到终点的渐变，如图 6-206 所示；激活"角度渐变"按钮，可以创建围绕起点以逆时针扫描方式的渐变，如图 6-207 所示；激活"对称渐变"按钮，可以使用均衡的线性渐变在起点的任意一侧创建渐变，如图 6-208 所示；激活"菱形渐变"按钮，可以以菱形方式从起点向外产生渐变，终点定义菱形的一个角，如图 6-209 所示。

图6-205　　　　　　　图6-206　　　　　　　图6-207　　　　　　　图6-208　　　　　　　图6-209

模式：用来设置应用渐变时的混合模式。

不透明度：用来设置渐变色的不透明度。

反向：转换渐变中的颜色顺序，得到反方向的渐变结果，如图 6-210 和图 6-211 所示分别是正常渐变和反向渐变效果。

仿色：选中该复选框时，可以使渐变效果更加平滑。主要用于防止打印时出现条带化现象，但在计算机屏幕上并不能明显地体现出来。

透明区域：选中该复选框时，可以创建包含透明像素的渐变，如图 6-212 所示。

图6-210　　　　　　　图6-211　　　　　　　图6-212

 技巧提示

需要特别注意的是，"渐变工具"不能用于位图或索引颜色图像。在切换颜色模式时，有些方式观察不到任何渐变效果，此时就需要将图像切换到可用模式下再进行操作。

6.7.2　详解"渐变编辑器"窗口

"渐变编辑器"窗口主要用来创建、编辑、管理、删除渐变，如图 6-213 所示。

预设：显示 Photoshop 预设的渐变效果。单击图标，可以载入 Photoshop 预设的一些渐变效果，如图 6-214 所示；单击"载入"按钮，可以载入外部的渐变资源；单击"存储"按钮，可以将当前选择的渐变存储起来，以备以后调用。

名称：显示当前渐变色名称。

渐变类型：包括"实底"和"杂色"两种。"实底"渐变是默认的渐变色；"杂色"渐变包含了在指定范围内随机分布的颜色，其颜色变化效果更加丰富。

平滑度：设置渐变色的平滑程度。

不透明度色标：拖曳不透明度色标可以移动它的位置。在"色标"选项组下可以精确设置色标的不透明度和位置。

- 不透明度中点：用来设置当前不透明度色标的中心点位置，也可以在"色标"选项组下进行设置。
- 色标：拖曳色标可以移动它的位置。在"色标"选项组下可以精确设置色标的颜色和位置。
- 删除：删除不透明度色标或者色标。

下面讲解"杂色"渐变。设置"渐变类型"为"杂色"，如图 6-215 所示。

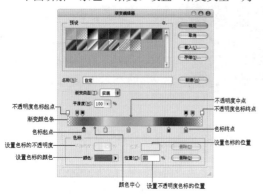
图6-213

图6-214

图6-215

- 粗糙度：控制渐变中的两个色带之间逐渐过渡的方式。
- 颜色模型：选择一种颜色模型来设置渐变色，包括 RGB、HSB 和 LAB。
- 限制颜色：将颜色限制在可以打印的范围内，以防止颜色过于饱和。
- 增加透明度：选中该复选框，可以增加随机颜色的透明度。
- 随机化：每单击一次该按钮，Photoshop 就会随机生成一个新的渐变色。

练习实例——使用"渐变工具"制作质感按钮

实例文件	练习实例——使用"渐变工具"制作质感按钮.psd
视频教学	练习实例——使用"渐变工具"制作质感按钮.flv
难易指数	★★★★★
技术要点	渐变工具

扫码看视频

实例效果

本例主要是针对"渐变工具"的基本使用方法进行练习，如图 6-216 所示。

操作步骤

步骤 01　打开本书配套资源中的背景素材文件，如图 6-217 所示。

图6-216　　　　　　图6-217

步骤 02　创建新的图层，首先使用"椭圆选框工具"按住 Shift 键绘制一个正圆选框。接着使用"渐变工具"，在选项栏中打开"渐变编辑器"窗口，调整渐变为灰色系，设置类型为线性，倾斜拖曳为选区填充渐变，如图 6-218～图 6-220 所示。

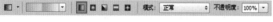
图6-218

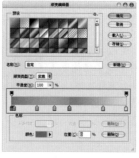
图6-219

图6-220

步骤 03　执行"图层 > 图层样式 > 投影"命令，打开"图层样式"对话框，设置"混合模式"为"正片叠底"，"不透明度"为 75%，"角度"为 120 度，"距离"为 42 像素，"大小"为 59 像素，如图 6-221 所示，效果如图 6-222 所示。

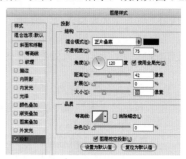
图6-221

Photoshop CS6 中文版基础培训教程

图6-222

步骤 04 再次绘制正圆选区，单击"渐变工具"按钮，编辑一种由白色到青色到深蓝的渐变，如图6-223和图6-224所示。由于按钮有凸起效果，所以类型设置为径向，然后在正圆选区中心处按住鼠标左键并向外拖曳鼠标填充选区，如图6-225所示。

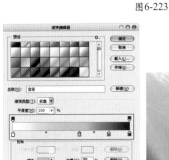

图6-223

图6-224　　　　　　　　图6-225

步骤 05 使用"钢笔工具"勾勒出路径轮廓，如图6-226所示。然后按Ctrl+Enter快捷键将路径转换为选区。设置前景色为白色，单击工具箱中的"渐变工具"按钮，选择一种前景色到透明的渐变，将渐变类型设置为径向，填充选区，如图6-227和图6-228所示。

图6-226

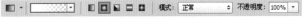

图6-227

步骤 06 在"图层"面板中设置该图层"不透明度"为45%，如图6-229所示，效果如图6-230所示。

图6-228　　　　　　　　图6-229

步骤 07 最后使用"横排文字工具"，输入文字并添加投影效果，最终效果如图6-231所示。

图6-230　　　　　　　　图6-231

6.7.3　油漆桶工具

"油漆桶工具"可以在图像中填充前景色或图案，打开一个图片，如图6-232所示。在画面上方绘制一个选区，单击工具箱中的"油漆桶工具"，在选项栏中设置填充方式为"图案"，选择一个适当的图案样式，然后在画面中单击填充图案，效果如图6-233所示。如果创建了选区，填充的区域为当前选区；如果没有创建选区，填充的是与鼠标单击处颜色相近的区域。

图6-232　　　　　　　　　　　　图6-233

"油漆桶工具"的选项栏如图6-234所示。

图6-234

- 填充模式：选择填充的模式，包括"前景"和"图案"两种模式，如图6-235和图6-236所示。
- 模式：用来设置填充内容的混合模式。
- 不透明度：用来设置填充内容的不透明度。
- 容差：用来定义必须填充的像素的颜色的相似程度。设置较小的容差值会填充颜色范围内与鼠标单击处像素非常相似的像素；设置较大的容差值会填充更大范围的像素。
- 消除锯齿：平滑填充选区的边缘。
- 连续的：选中该复选框后，只填充图像中处于连续范围内的区域；取消选中复选框后，可以填充图像中所有的相似像素，如图6-237和图6-238所示。

图6-235

图6-236

图6-237

图6-238

- 所有图层：选中该复选框后，可以对所有可见图层中的合并颜色数据填充像素；取消选中该复选框后，仅填充当前选择的图层。

技巧提示

执行"编辑>预设>预设管理器"命令，在打开的"预设管理器"对话框中设置"预设类型"为"图案"，单击"载入"按钮，选择图案素材文件即可载入，如图6-239所示。

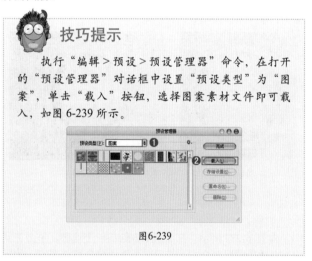

图6-239

视频陪练——海底创意葡萄酒广告

实例文件	视频陪练——海底创意葡萄酒广告 .psd
视频教学	视频陪练——海底创意葡萄酒广告 .flv
难易指数	★★★★★
技术要点	画笔工具、定义画笔、画笔工具的设置

扫码看视频

实例效果

本例运用所学知识，制作海底葡萄酒广告图片，如图6-240所示。

图6-240

Chapter *07*

第7章

文字的艺术

文字工具不只应用于排版方面，在平面设计与图像编辑中也占有非常重要的地位，Photoshop 中的文字工具由基于矢量的文字轮廓组成。对已有的文字对象进行编辑时，任意缩放文字或调整文字大小都不会产生锯齿现象。Photoshop 提供了 4 种创建文字的工具："横排文字工具"和"直排文字工具"主要用来创建点文字、段落文字和路径文字；"横排文字蒙版工具"和"直排文字蒙版工具"主要用来创建文字选区。

本章学习要点：

- 掌握文字工具的使用方法
- 掌握"字符"面板和"段落"面板的设置方法

7.1 认识文字工具与面板

文字工具不只应用于排版方面，在平面设计与图像编辑中也占有非常重要的地位，Photoshop 中的文字工具由基于矢量的文字轮廓组成。对已有的文字对象进行编辑时，任意缩放文字或调整文字大小都不会产生锯齿现象。Photoshop 提供了 4 种创建文字的工具："横排文字工具"和"直排文字工具"主要用来创建点文字、段落文字和路径文字；"横排文字蒙版工具"和"直排文字蒙版工具"主要用来创建文字选区，如图 7-1～图 7-3 所示。

图7-1　　　　　　图7-2　　　　　　图7-3

7.1.1 认识文字工具

Photoshop 中包括两种文字工具，分别是"横排文字工具"和"直排文字工具"。"横排文字工具"可以用来输入横向排列的文字，如图 7-4 所示；"直排文字工具"可以用来输入竖向排列的文字，如图 7-5 所示。

文字工具与文字蒙版工具的选项栏参数基本相同（文字蒙版工具无法进行颜色设置），下面以"横排文字工具"为例来讲解文字工具的参数选项。单击工具箱中的"横排文字工具"按钮，在选项栏中可以设置字体的系列、样式、大小、颜色和对齐方式等，如图 7-6 所示。

图7-4　　　　　　　　图7-5

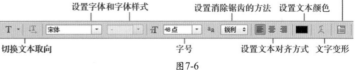

图7-6

7.1.2 设置文本方向

（1）单击工具箱中的"横排文字工具"按钮，在选项栏中设置合适的字体，设置字号为 150 点，字体颜色为白色，并在画面中单击插入光标，接着输入文字。输入完毕后单击选项栏中的"提交当前编辑"按钮或使用 Ctrl+Enter 快捷键完成当前操作，如图 7-7 所示。

（2）在选项栏中单击"切换文本取向"按钮，可以将横向排列的文字更改为直向排列的文字，如图 7-8 所示。

（3）另外，执行"文字 > 取向"命令，也可以更改文字方向，如图 7-9 所示。

图7-7　　　　　　图7-8　　　　　　图7-9

7.1.3 设置字体

输入字体之前可以在选项栏中单击"设置字体系列"下拉倒三角图标，选择合适的字体，当下次在文档中输入文字时会自动使用上次设置的字体。在文档中输入文字以后，如果要更改整个文字图层的字体，可以在图层面板中选择该文字图层，在选项栏中单击"设置字体系列"下拉倒三角图标，并在下拉列表中选择合适的字体，如图7-10所示，效果如图7-11所示。

或者执行"窗口>字符"命令，打开"字符"面板，在"字符"面板中选择合适字体，如图7-12所示。

图7-10

图7-11

若要改变一个文字图层中的部分字符，可以使用文字工具在需要更改的字符后方按住鼠标左键并向前拖动选择需要更改的字符，如图7-13所示，效果如图7-14所示。

图7-12

图7-13

图7-14

 答疑解惑——如何为 Photoshop 添加其他字体？

在实际工作中，为了达到特殊效果，经常需要使用各种各样的字体，这时就需要用户自己安装额外的字体。Photoshop 中所使用的字体其实是调用操作系统中的系统字体，所以用户只需要把字体文件安装在操作系统的字体文件夹下即可。目前比较常用的字体安装方法有以下几种。

● 光盘安装：打开光驱，放入字体光盘，光盘会自动运行安装字体程序，选中所需要安装的字体，按照提示即可安装到指定目录下。

● 自动安装：很多时候使用的字体文件是 EXE 格式的可执行文件，这种字库文件的安装比较简单，双击运行并按照提示进行操作即可。

● 手动安装：当遇到没有自动安装程序的字体文件时，需要执行"开始>设置>控制面板"命令，打开"控制面板"，然后双击"字体"选项，接着将外部的字体复制到打开的"字体"文件夹中。

安装好字体以后，重新启动 Photoshop 就可以在选项栏中的字体系列中查找到安装的字体。

7.1.4 在选项栏中设置字体样式

字体样式只针对部分英文字体有效。输入字符后，可以在选项栏中设置字体的样式，如图7-15所示，包括 Regular（正常）、Italic（斜体）、Bold（粗体）和 Bold Italic（粗斜体）。

图7-15

7.1.5　设置字号

　　输入文字以后，如果要更改字号，可以在选择文字对象的状态下直接在选项栏中输入数值，或在下拉列表中选择预设的字号，如图7-16所示。

　　也可在打开的"字符"面板中进行字号的设置，如图7-17所示。

　　若要改变部分字符的大小，则需要选中需要更改的字符后进行设置，如图7-18～图7-20所示。

图7-16　　　　　　　　　　　　　　　　图7-17

图7-18

图7-19

图7-20

7.1.6　在选项栏中设置消除锯齿方式

　　输入文字以后，可以在选项栏中为文字指定一种消除锯齿的方式，其差别主要体现在文字的边缘处，如图7-21所示。

- 选择"无"方式时，Photoshop不会应用消除锯齿。
- 选择"锐利"方式时，文字的边缘最为锐利。
- 选择"犀利"方式时，文字的边缘比较锐利。
- 选择"浑厚"方式时，文字会变粗一些。
- 选择"平滑"方式时，文字的边缘会非常平滑。

图7-21

7.1.7　在选项栏中设置文本对齐

　　文本对齐是根据输入字符时光标的位置来设置文本对齐方式的。在文字工具的选项栏中提供了3种设置文本段落对齐方式的按钮："左对齐文本"■、"居中对齐文本"■和"右对齐文本"■。选择文本以后，单击所需要的对齐按钮，就可以使文本按指定的方式对齐，效果如图7-22～图7-24所示。

图7-22

图7-23

图7-24

　　针对多行文本进行的对齐设置效果比较明显，多用于文字排版的设置，如图7-25～图7-27所示分别为左对齐文本、居中对齐文本和右对齐文本的效果。

图7-25　　　　　　　　　　　　　图7-26　　　　　　　　　　　　　图7-27

 技巧提示

如果当前使用的是"直排文字工具"，那么对齐按钮会分别变成"顶对齐文本"按钮、"居中对齐文本"按钮和"底对齐文本"按钮。效果分别如图7-28～图7-30所示。

图7-28　　　　　　　　　　　　　图7-29　　　　　　　　　　　　　图7-30

7.1.8　在选项栏中设置文本颜色

输入文本时，文本颜色默认为前景色。如果要修改文字颜色，可以先在"图层"面板中选择文本图层，然后在选项栏中单击颜色块，接着在弹出的"选择文本颜色"对话框中设置所需要的颜色。如果要更改部分文字颜色，需要框选这部分文字后进行更改。如图7-31和图7-32所示为更改文本颜色效果。

图7-31　　　　　　　　　　　　　　　　　　　　图7-32

7.1.9　认识文字蒙版工具

使用文字蒙版工具可以创建文字选区，如图7-33所示。文字蒙版工具包括"横排文字蒙版工具"和"直排文字蒙版工具"两种。使用文字蒙版工具输入文字以后，文字将以选区的形式出现，如图7-34所示。在文字选区中，可以填充前景色、背景色以及渐变色等，如图7-35所示。

图7-33　　　　　　　　　　　图7-34　　　　　　　　　　　图7-35

 技巧提示

　　在使用文字蒙版工具输入文字时光标移动到文字以外区域时会变为移动状态，这时按住鼠标左键并拖曳可以移动文字蒙版的位置，如图7-36所示。

　　按住Ctrl键，文字蒙版四周会出现类似自由变换的定界框，可以对该文字蒙版进行移动、旋转、缩放、斜切等操作，如图7-37～图7-40所示。

图7-36　　　　　　　图7-37　　　　　　　图7-38　　　　　　　图7-39　　　　　　　图7-40

7.1.10　使用文字蒙版工具制作水印

　　本例素材和效果分别如图7-41和图7-42所示。

图7-41　　　　　　　　　　图7-42

　　（1）打开一张图片，单击工具箱中的"横排文字蒙版工具"按钮 T，在选项栏中选择合适的字体，并设置合适的大小，如图7-43所示。然后在图像上单击输入字母，单击选项栏中的"提交当前编辑"按钮 ✓ 或按 Ctrl+Enter 快捷键完成当前操作，如图7-44所示。效果如图7-45所示。

图7-43

　　（2）文字将以选区的形式出现，如图7-46所示。

图7-44　　　　　　　　　　图7-45

　　（3）在文字选区中，使用"渐变工具"，打开"渐变编辑器"窗口，拖动滑块调整渐变颜色为浅粉色到粉色的渐变，设置类型为线性，为选区绘制渐变颜色，如图7-47所示。

图7-46　　　　　　　　　　图7-47

7.1.11 详解"字符"面板

在文字工具的选项栏中，可以快捷地对文本的部分属性进行修改。如果要对文本进行更多的设置，就需要使用"字符"面板。在"字符"面板中，除了包括常见的字体系列、字体样式、字号、文本颜色和消除锯齿等设置，还包括行距、字距等常见设置，如图 7-48 所示。

● 设置字号 T：在下拉列表中选择预设数值或输入自定义数值即可更改字符大小。

● 设置行距 $\frac{A}{A}$：行距就是上一行文字基线与下一行文字基线之间的距离。选择需要调整的文字图层，然后在"设置行距"文本框中输入行距数值或在其下拉列表中选择预设的行距值，接着按 Enter 键即可。

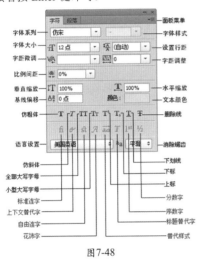

图 7-48

● 字距微调 $\frac{V}{A}$：用于设置两个字符之间的距离。在设置时先要将光标插入到需要进行字距微调的两个字符之间，然后在文本框中输入所需的字距微调数量。输入正值时，字距会扩大；输入负值时，字距会缩小。

● 字距调整 $\frac{VA}{}$：用于设置文字的字距间距。输入正值时，字距会扩大；输入负值时，字距会缩小。

● 比例间距 $\frac{M}{}$：比例间距是按指定的百分比来减少字符周围的空间。因此，字符本身并不会被伸展或挤压，而是字距被伸展或挤压了。

● 垂直缩放 IT：用于设置文字的垂直缩放比例，以调整文字的高度。

● 水平缩放 T：用于设置文字的水平缩放比例，以调整文字的宽度。

● 基线偏移 $A\frac{a}{t}$：用来设置文字与文字基线之间的距离。输入正值时，文字会上移；输入负值时，文字会下移。

● 颜色 颜色 ■：单击色块，即可在弹出的拾色器中选取字符的颜色。

● 文字样式 T T TT Tr T^1 T_1 T T：设置文字的效果，包括仿粗体、仿斜体、全部大写字母、小型大写字母、上标、下标、下划线和删除线 8 种。

● Open Type 功能 fi σ st A ad T 1st $\frac{1}{2}$：包括标准连字 fi、上下文替代字 σ、自由连字 st、花饰字 A、文体替代字 ad、标题替代字 T、序数字 1st、分数字 $\frac{1}{2}$。

● 语言设置 美国英语 ：用于设置文本连字符和拼写的语言类型。

● 消除锯齿方式 aa 锐利 ：输入文字以后，可以在选项栏中为文字指定一种消除锯齿的方式。

7.1.12 详解"段落"面板

"段落"面板提供了用于设置段落编排格式的所有选项。通过"段落"面板，可以设置段落文本的对齐方式和缩进量等参数，如图 7-49 所示。

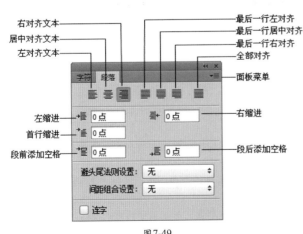

图 7-49

● 左对齐文本 ▤：文字左对齐，段落右端参差不齐，如图 7-50 所示。

● 居中对齐文本 ▤：文字居中对齐，段落两端参差不齐，如图 7-51 所示。

● 右对齐文本 ▤：文字右对齐，段落左端参差不齐，如图 7-52 所示。

● 最后一行左对齐 ▤：最后一行左对齐，其他行左右两端强制对齐，如图 7-53 所示。

图7-50

图7-51

图7-52

图7-53

● **最后一行居中对齐▆**：最后一行居中对齐，其他行左右两端强制对齐，如图 7-54 所示。

● **最后一行右对齐▆**：最后一行右对齐，其他行左右两端强制对齐，如图 7-55 所示。

● **全部对齐▆**：在字符间添加额外的间距，使文本左右两端强制对齐，如图 7-56 所示。

图7-54

图7-55

图7-56

● **左缩进▐**：用于设置段落文本向右（横排文字）或向下（直排文字）的缩进量。如图 7-57 所示是设置左缩进为 6 点时的段落效果。

● **右缩进▐**：用于设置段落文本向左（横排文字）或向上（直排文字）的缩进量。如图 7-58 所示是设置右缩进为 6 点时的段落效果。

● **首行缩进▐**：用于设置段落文本中每个段落的第 1 行向右（横排文字）或第 1 列文字向下（直排文字）的缩进量。如图 7-59 所示是设置首行缩进为 10 点时的段落效果。

图7-57

图7-58

图7-59

● **段前添加空格▐**：设置光标所在段落与前一个段落之间的间隔距离。

● **段后添加空格▐**：设置当前段落与另外一个段落之间的间隔距离。

● **避头尾法则设置**：不能出现在一行的开头或结尾的字符称为避头尾字符，Photoshop 提供了基于标准 JIS 的宽松和严格的避头尾集，宽松的避头尾设置忽略长元音字符和小平假名字符。选择"JIS 宽松"或"JIS 严格"选项时，可以防止在一行的开头或结尾出现不能使用的字母。

● **间距组合设置**：用于设置日语字符、罗马字符、标点和特殊字符在行开头、行结尾和数字的间距文本编排方式。选择"间距组合 1"选项，可以对标点使用半角间距；选择"间距组合 2"选项，可以对行中除最后一个字符外的大多数字符使用全角间距；选择"间距组合 3"选项，可以对行中的大多数字符和最后一个字符使用全角间距；选择"间距组合 4"选项，可以对所有字符使用全角间距。

● **连字**：选中该复选框以后，在输入英文单词时，如果段落文本框的宽度不够，英文单词将自动换行，并在单词之间用连字符连接起来。

实例文件	视频陪练——使用点文字制作单页版式.psd
视频教学	视频陪练——使用点文字制作单页版式.flv
难易指数	★★★★★
技术要点	文字工具、图层蒙版

扫码看视频

实例效果

本例效果如图 7-60 所示。

图7-60

7.2 创建文字

在平面设计中经常需要使用多种版式类型的文字。在 Photoshop 中将文字分为几个类型，包括点文字、段落文字、路径文字和变形文字等。

7.2.1 点文字

点文字是一个水平或垂直的文本行，每行文字都是独立的。行的长度随着文字的输入而不断增加，不会进行自动换行，需要手动按 Enter 键进行换行。单击工具箱中的"横排文字工具"按钮，在"字符"面板或选项栏中设置合适的字体大小、间距等参数，如图 7-61 所示。然后在画面中单击确定输入点，如图 7-62 所示。接着输入 LATALE，然后按 Enter 键，开始下一行文字的输入。按几下空格后继续输入 VIGO。文字输入完成后按 Ctrl+Enter 快捷键完成操作，如图 7-63 所示。

图7-61

图7-62

图7-63

实例文件	视频陪练——使用点文字制作人像海报.psd
视频教学	视频陪练——使用点文字制作人像海报.flv
难易指数	★★★★★
技术要点	创建点文字

扫码看视频

实例效果

本例效果如图 7-64 所示。

图7-64

7.2.2 段落文字

段落文字在平面设计中的应用非常广泛，由于具有自动换行、可调整文字区域大小等优势，所以常用在大量的文本排版中，如海报、画册、杂志排版等，如图7-65～图7-68所示。

| 图7-65 | 图7-66 | 图7-67 | 图7-68 |

（1）设置前景色为白色，单击工具箱中的"横排文字工具"按钮 T ，在选项栏中设置合适的字体及大小，在操作界面按住鼠标左键并拖曳光标创建出文本框，如图7-69所示。

（2）输入文字，并打开"段落"面板，单击"右对齐文本"按钮 ，如图7-70所示。文字输入完成后按Ctrl+Enter快捷键完成操作，效果如图7-71所示。在段落文本框边缘处按住鼠标左键拖动可以调整文本框大小，同时文字摆放的位置也会发生变化。

| 图7-69 | 图7-70 | 图7-71 |

7.2.3 路径文字

路径文字常用于创建走向不规则的文字行。在Photoshop中为了制作路径文字需要先绘制路径，然后将文字工具指定到路径上，创建的文字会沿着路径排列。改变路径形状时，文字的排列方式也会随之发生改变，如图7-72和图7-73所示。

单击工具箱中的"钢笔工具"按钮 ，沿人像外轮廓边缘绘制一段弧形路径，如图7-74所示。单击工具箱中的"横排文字工具"按钮 T ，选择合适的字体及大小，将光标移动到路径的一端上，当光标变为 时，输入文字，文字输入完成后按Ctrl+Enter快捷键完成操作，如图7-75所示。如果调整路径的形态，文字的排列方式也会发生变化。

| 图7-72 | 图7-73 | 图7-74 | 图7-75 |

如果想要调整路径文字起点的位置，可以在文字的编辑状态下，按住Ctrl键的同时，将光标移动到路径上，光标变为带有箭头的形状 时，按住鼠标左键进行拖动即可调整文字在路径上的摆放位置。

7.2.4 变形文字

在 Photoshop 中，文字对象可以进行一系列内置的变形效果，通过这些变形操作可以在不栅格化文字图层的状态下制作多种变形文字。选中已有的文字图层，在文字工具的选项栏中单击"创建文字变形"按钮，打开"变形文字"对话框，在该对话框中可以选择变形文字的方式，如图 7-76 所示。变形文字的效果如图 7-77 所示。

图7-76

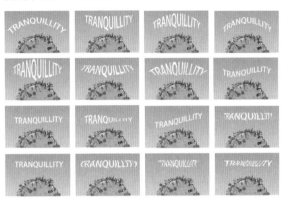

图7-77

创建变形文字后，可以调整其他参数选项来调整变形效果。每种样式都包含相同的参数选项，如图 7-78 所示。下面以"鱼形"样式为例来介绍变形文字的各项功能，如图 7-79 所示。

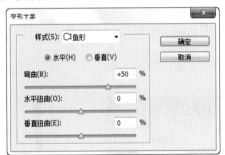

图7-78

图7-79

 技巧提示

对带有"仿粗体"样式的文字进行变形会弹出如图 7-80 所示的对话框，单击"确定"按钮将去除文字的"仿粗体"样式，并且经过变形操作的文字不能够添加"仿粗体"样式。

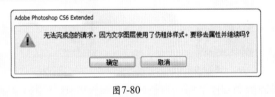

图7-80

● 水平 / 垂直：选中"水平"单选按钮时，文本扭曲的方向为水平方向，如图 7-81 所示；选中"垂直"单选按钮时，文本扭曲的方向为垂直方向，如图 7-82 所示。

● 弯曲：用来设置文本的弯曲程度，如图 7-83 和图 7-84 所示分别是"弯曲"为 50% 和 -80% 时的效果。

图7-81

图7-82

图7-83

图7-84

● 水平扭曲：设置水平方向上透视扭曲变形的程度，如图 7-85 和图 7-86 所示分别是"水平扭曲"为 -60% 和 80% 时的扭曲效果。

　　● **垂直扭曲**：用来设置垂直方向上透视扭曲变形的程度，如图7-87和图7-88所示分别是"垂直扭曲"为-30%和30%时的扭曲效果。

图7-85　　　　　　　　　　图7-86　　　　　　　　　　图7-87　　　　　　　　　　图7-88

练习实例——使用点文字、段落文字制作杂志版式

实例文件	练习实例——使用点文字、段落文字制作杂志版式.psd
视频教学	练习实例——使用点文字、段落文字制作杂志版式.flv
难易指数	★★★★★
技术要点	文字工具

扫码看视频

实例效果

本例效果如图7-89所示。

操作步骤

步骤01▶ 新建空白文件，置入人像素材文件，摆放在画面左侧，将其栅格化，如图7-90所示。

步骤02▶ 单击工具箱中的"钢笔工具"按钮 ，绘制出需要保留区域的闭合路径，右击并执行"建立选区"命令，如图7-91所示。然后单击"图层"面板中的"添加图层蒙版"按钮，如图7-92所示，效果如图7-93所示。

图7-89

图7-90　　　　　　　　　图7-91　　　　　　　　　　　　图7-92　　　　　　　　　　图7-93

步骤03▶ 新建图层组"段落文字"，置入花朵素材，单击工具箱中的"横排文字工具"按钮 ，设置前景色为白色，并设置合适的字体及大小，在操作界面按住鼠标左键并拖曳创建出文本框，如图7-94所示。

步骤04▶ 输入所需英文，完成后选择该文字图层，打开"字符"面板，选择"段落"，单击"左对齐文本"按钮，如图7-95所示，效果如图7-96所示。

步骤05▶ 用同样的方法分别输入其他英文，并适当修改其颜色，如图7-97所示。

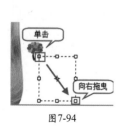　　　　　　　　　

图7-94　　　　　　　　　图7-95　　　　　　　　　图7-96　　　　　　　　　图7-97

步骤 06 新建图层组"点文字",单击工具箱中的"横排文字工具"按钮 T,设置前景色为蓝色,选择一种合适的字体及大小,输入liberty,如图 7-98 所示。

步骤 07 单击"图层"面板中的"添加图层样式"按钮,如图 7-99 所示。选中"内阴影"样式,设置其"不透明度"为 45%,"距离"为 3像素,"大小"为 3像素,单击"确定"按钮结束操作,如图 7-100 所示,效果如图 7-101 所示。

步骤 08 用同样的方法制作单词 SMILE,并调整其位置,如图 7-102所示。

步骤 09 单击"横排文字工具"按钮,选择合适的字体及大小,分别输入其他英文,并调整位置,最终效果如图 7-103 所示。

图 7-98

图 7-99

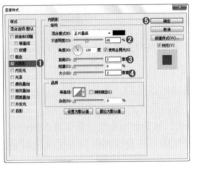
图 7-100

图 7-101

liberty SMILE
图 7-102

图 7-103

7.3 编辑文本

Photoshop 中的文字编辑与 Microsoft Office Word 相似,不仅可以对文字进行大小写、颜色、行距等参数的修改,还可以进行检查和更正拼写、查找和替换文本、更改文字的方向等操作。

7.3.1 调整文字外框

在输入文字状态下按住 Ctrl 键,文字四周会出现文本外框,拖曳变换文本框,可以改变文字大小、角度、方向等,如图 7-104～图 7-106 所示。

图 7-104

图 7-105

图 7-106

7.3.2 拼写检查

如果要检查当前文本中的英文单词拼写是否有误,可以先选择文本,如图 7-107 所示;然后执行"编辑 > 拼写检查"命令,打开"拼写检查"对话框,Photoshop 会提供修改建议,如图 7-108 所示,效果如图 7-109 所示。

- 不在词典中:在这里显示错误的单词。
- 更改为 / 建议:在"建议"列表中选择单词以后,"更改为"文本框中就会显示选中的单词。

- 忽略：继续拼写检查而不更改文本。
- 全部忽略：在剩余的拼写检查过程中忽略有疑问的字符。
- 更改：校正拼写错误的字符。
- 更改全部：校正文档中出现的所有拼写错误。
- 添加：可以将无法识别的正确单词存储在词典中。这样后面再次出现该单词时，就不会被检查为拼写错误。
- 检查所有图层：选中该复选框后，可以对所有文字图层进行拼写检查。

图7-107

图7-108

图7-109

7.3.3　查找和替换文本

使用"查找和替换文本"命令能够快速地查找和替换指定的文字。选中文本对象，如图7-110所示，执行"编辑 > 查找和替换文本"命令，可以打开"查找和替换文本"对话框，如图7-111所示。首先输入要"查找"的内容和要"更改为"的文字，如果单纯查找而不替换则无须输入"更改为"的文字。接下来单击"查找下一个"按钮，即可定位查找字符的位置。如需替换该文字，则需要单击"更改"按钮。如果需要快速替换文本中的全部查找内容，可以直接单击"更改全部"按钮。

图7-110

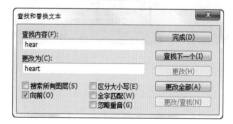

图7-111

- 查找内容：在这里输入要查找的内容。
- 更改为：在这里输入要更改的内容。

- 完成：单击该按钮可以关闭"查找和替换文本"对话框，完成查找和替换文本的操作。
- 查找下一个：单击该按钮即可查找到需要更改的内容。
- 更改：单击该按钮即可将查找到的内容更改为指定的文字内容。
- 更改全部：若要替换所有要查找的文本内容，可以单击该按钮。
- 搜索所有图层：选中该复选框后，可以搜索当前文档中的所有图层。
- 向前：选中该复选框，从文本中的插入点向前搜索；如果取消选中该复选框，不管文本中的插入点在任何位置，都可以搜索图层中的所有文本。
- 区分大小写：选中该复选框后，可以搜索与"查找内容"文本框中的文本大小写完全匹配的一个或多个文字。
- 全字匹配：选中该复选框后，可以忽略嵌入在更长字中的搜索文本。

7.3.4　点文本和段落文本的转换

与更改文字的方向相同，点文本与段落文本也是可以相互转换的。如果当前选择的是点文本，执行"文字 > 转换为段落文本"命令，可以将点文本转换为段落文本；如果当前选择的是段落文本，执行"文字 > 转换为点文本"命令，可以将段落文本转换为点文本，如图7-112和图7-113所示。

图7-112

THE CLOTHES YOU LOVE DIRECT FROM THE BRANDS YOU LOVE

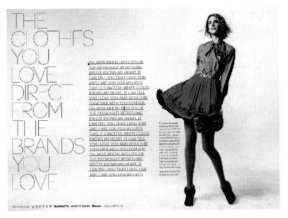

图7-113

7.3.5 编辑段落文本

创建段落文本以后，可以根据实际需求来调整文本框的大小，文字会自动在调整后的文本框内重新排列。另外，通过文本框还可以旋转、缩放和斜切文字，如图 7-114～图 7-116 所示。

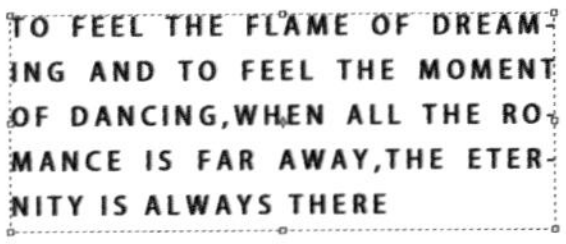

TO FEEL THE FLAME OF DREAMING AND TO FEEL THE MOMENT OF DANCING,WHEN ALL THE ROMANCE IS FAR AWAY,THE ETERNITY IS ALWAYS THERE

图7-114

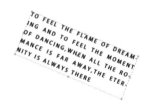

图7-115

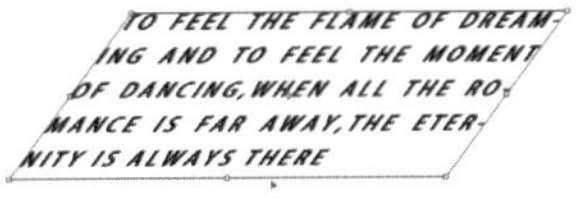

图7-116

（1）使用“横排文字工具”在段落文字中单击显示出文字的定界框，如图 7-117 所示。

（2）拖动控制点调整定界框的大小，文字会在调整后的定界框内重新排列，如图 7-118 所示。

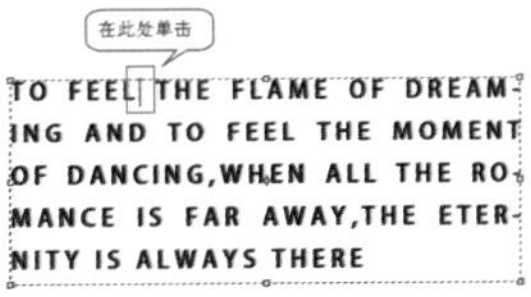

在此处单击

图7-117

单击并拖曳鼠标

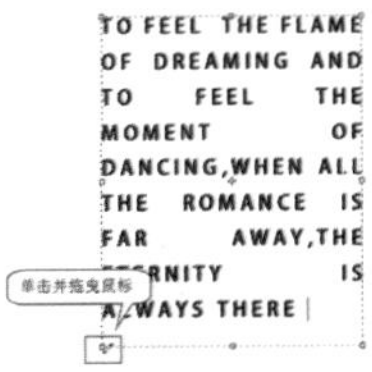

图7-118

（3）当定界框较小而不能显示全部文字时，定界框右下角的控制点会变为⊞状，如图 7-119 所示。

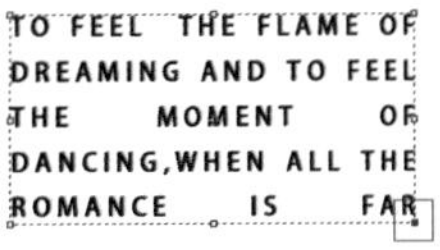

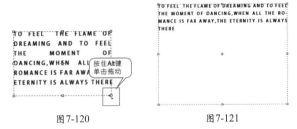

图7-119

（4）如果按住 Alt 键拖动控制点，可以等比例缩放文字，如图 7-120 和图 7-121 所示。

按住Alt键
单击拖动

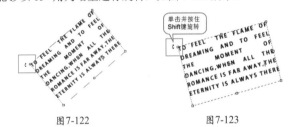

图7-120

图7-121

（5）将光标移至定界框外，当指针变为弯曲的双向箭头↶时拖动鼠标可以旋转文字，如图 7-122 所示。

（6）与旋转其他对象相同，在旋转过程中按住 Shift 键，能够以 15°角为增量进行旋转，如图 7-123 所示。

图7-122

单击并按住
Shift键旋转

图7-123

（7）在进行编辑的过程中按住 Ctrl 键，可出现类似自由变换的定界框，将光标移动到定界框边缘位置，当光标变为▶形状时按住鼠标左键并拖动即可。需要注意的是，此时定界框与文字本身都会发生变化，如图 7-124 所示。

按住Ctrl键

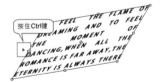

图7-124

（8）如果想要完成对文本的编辑操作，可以单击工具选项栏中的✓按钮或者按 Ctrl+Enter 快捷键。如果要放弃对文字的修改，可以单击工具选项栏中的⊘按钮或者按 Esc 键。

7.4 转换文字图层

在 Photoshop 中，文字图层作为特殊的矢量对象，不能够像普通图层一样进行编辑。因此为了进行更多操作，可以在编辑和处理文字时将文字图层转换为普通图层，或将文字转换为形状、路径。

7.4.1　将文字图层转换为普通图层

Photoshop 中的文字图层不能直接应用滤镜或进行涂抹绘制等变换操作，若要对文本应用这些滤镜或变换，就需要将其转换为普通图层，使矢量文字对象变成像素图像。

在"图层"面板中选择文字图层，然后在图层名称上右击，接着在弹出的快捷菜单中选择"栅格化文字"命令，就可以将文字图层转换为普通图层，如图 7-125 所示。

图7-125

7.4.2　将文字转换为形状

选择文字图层，然后在图层名称上右击，接着在弹出的快捷菜单中选择"转换为形状"命令，可以将文字转换为形状图层，如图 7-126 所示。

图7-126

7.4.3　创建文字的工作路径

在"图层"面板中选择一个文字图层，如图 7-127 所示，然后执行"文字 > 创建工作路径"命令，可以将文字的轮廓转换为工作路径。通过这种方法既能够得到文字路径，又不破坏文字图层，如图 7-128 所示。

图7-127

图7-128

实例效果

如图 7-129 和图 7-130 所示分别为本例原图和效果图。

图7-129　　　　　图7-130

实例效果

本例效果如图 7-131 所示。

图7-131

Chapter 08

第8章

矢量工具与路径

Photoshop 中的矢量工具主要包括"钢笔工具"以及形状工具。"钢笔工具"主要用于绘制不规则的图形，而形状工具则是通过选取内置的图形样式绘制较为规则的图形。与"画笔工具"不同，使用"钢笔工具"和形状工具绘图主要是通过调整路径和锚点进行控制的，矢量工具主要用于绘制矢量图形、获得选区、抠图等方面。

本章学习要点：

- 熟练掌握"钢笔工具"的使用方法
- 掌握路径的操作与编辑方法
- 掌握形状工具的使用方法
- 掌握路径与选区的相互转换

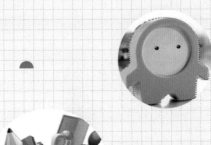

Photoshop 中的矢量工具主要包括"钢笔工具"以及形状工具。"钢笔工具"主要用于绘制不规则的图形，而形状工具则是通过选取内置的图形样式绘制较为规则的图形。与"画笔工具"不同，使用"钢笔工具"和形状工具绘图主要是通过调整路径和锚点进行控制的，矢量工具主要用于绘制矢量图形、获得选区、抠图等方面。如图 8-1～图 8-4 所示为一些应用到矢量工具的作品。

图8-1　　　　　　　　　图8-2　　　　　　　　　图8-3　　　　　　　　　图8-4

8.1.1　认识绘图模式

使用矢量工具绘图之前，首先要在工具选项栏中选择绘图模式，包括形状、路径和像素 3 种类型，如图 8-5 所示，效果如图 8-6 所示。

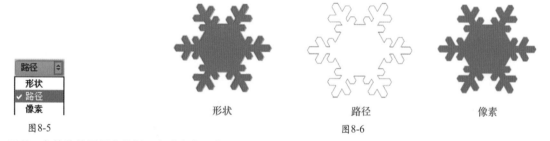

图8-5　　　　　　　　　　　形状　　　　　　　　　路径　　　　　　　　像素
　　　　　　　　　　　　　　　　　　　图8-6

● 形状：在单独的图层中绘制一个或多个形状。

● 路径：在当前图层中绘制一个临时工作路径，可随后使用它来创建选区和矢量蒙版，或者使用颜色填充和描边以创建栅格图形。绘制完成后可在"路径"面板中进行存储。

● 像素：直接在选中图层上绘制，与绘画工具的功能非常类似。在此模式中工作时，创建的是位图图像，而不是矢量图形。可以像处理任何栅格图像一样来处理绘制的形状。在此模式中只能使用形状工具。

8.1.2　创建形状图层

（1）在工具箱中单击"自定形状工具"按钮 ，然后设置绘制模式为"形状"后，可以在选项栏中设置填充类型，单击"填充"按钮，在弹出的"填充"对话框中可以从"无颜色""纯色""渐变"和"图案"4 个类型中选择一种，如图 8-7 所示。

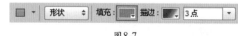

图8-7

（2）单击"无颜色"按钮 即可取消填充，如图 8-8 所示；单击"纯色"按钮 ，可以从颜色列表中选择预设颜色，或单击"拾色器"按钮 ，在弹出的拾色器中选择所需颜色，如图 8-9 所示；单击"渐变"按钮 ，即可设置渐变效果的填充，如图 8-10 所示；单击"图案"按钮 ，可以选择某种图案，并设置合适的缩放数值，如图 8-11 所示。

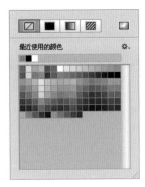
图8-8
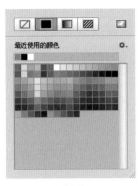
图8-9
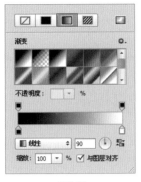
图8-10
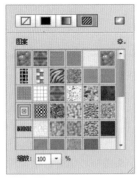
图8-11

（3）描边也可以进行"无颜色""纯色""渐变""图案"4种类型的设置。在颜色设置的右侧可以进行描边粗细的设置，如图8-12所示。

（4）还可以对形状描边类型进行设置。单击下拉列表，在弹出的对话框中可以选择预设的描边类型，还可以对描边的对齐方式、端点类型以及角点类型进行设置，如图8-13所示。单击"更多选项"按钮，可以在弹出的"描边"对话框中创建新的描边类型，如图8-14所示。

图8-12
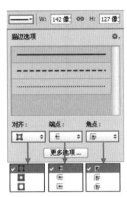
图8-13

图8-14

（5）设置了合适的选项后，在画布中进行拖曳即可出现形状，绘制形状可以在单独的一个图层中创建形状，在"路径"面板中显示了这一形状的路径，如图8-15所示。

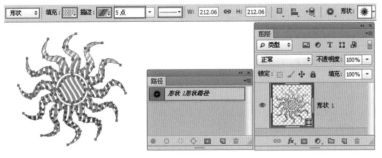
图8-15

8.1.3　创建路径

单击工具箱中的形状工具，然后在选项栏中选择"路径"选项 ，可以创建工作路径，如图8-16所示。绘制完毕后可以在选项栏中快速地将路径转换为选区、蒙版或形状，如图8-17所示。

图8-16

图8-17

工作路径不会出现在"图层"面板中,只出现在"路径"面板中,如图8-18和图8-19所示。

图8-18 　　　　　　　　　　　图8-19

8.1.4　创建填充像素

在使用形状工具状态下可以选择"像素"方式。在选项栏中设置绘制模式为"像素",可设置合适的混合模式与不透明度,如图8-20所示。这种绘图模式会以当前前景色在所选图层中进行绘制,如图8-21和图8-22所示。

图8-20

图8-21 　　　　　　　　　　　图8-22

8.1.5　认识路径

路径是一种不包含像素的轮廓,但是可以使用颜色填充或描边路径。路径可以作为矢量蒙版来控制图层的显示区域,可以被保存在"路径"面板中或者转换为选区。使用"钢笔工具"和形状工具都可以绘制路径,而且绘制的路径可以是开放式、闭合式或组合式,如图8-23所示。

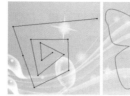  

开放路径　　　　　　闭合路径　　　　　　组合路径

图8-23

8.1.6　认识锚点

路径由一个或多个直线段或曲线段组成,锚点标记路径段的端点。在曲线段上,每个选中的锚点显示一条或两条方向线,方向线以方向点结束,方向线和方向点的位置共同决定了曲线段的大小和形状。如图8-24所示,A表示曲线段,B表示方向点,C表示方向线,D表示选中的锚点,E表示未选中的锚点。

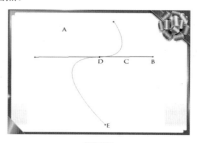

图8-24

锚点分为平滑点和角点两种类型。由平滑点连接的路径段可以形成平滑的曲线,如图8-25所示;由角点连接的路径段可以形成直线或转折曲线,如图8-26所示。

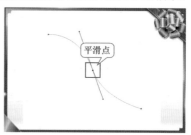

图8-25

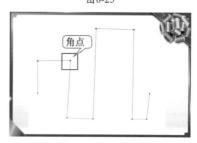

图8-26

8.2 钢笔工具组

钢笔工具组包括"钢笔工具" 、"自由钢笔工具"、"添加锚点工具"、"删除锚点工具"、"转换点工具" 5种工具,"自由钢笔工具"又可以扩展为"磁性钢笔工具"。使用钢笔工具组可以绘制多种多样的矢量图形,如图8-27~图8-30所示为一些使用钢笔工具组制作的作品。

图8-27

图8-28

图8-29

图8-30

8.2.1 认识"钢笔工具"

"钢笔工具"是最基本、最常用的路径绘制工具,使用该工具可以绘制任意形状的直线或曲线路径,其选项栏如图8-31所示。"钢笔工具"的选项栏中有一个"橡皮带"复选框,选中该复选框后,可以在移动指针时预览两次单击之间的路径段,如图8-32所示。

选中"自动添加/删除"复选框后,将"钢笔工具"定位到所选路径上方时,它会变成"添加锚点工具";当将"钢笔工具"定位到锚点上方时,它会变成"删除锚点工具",如图8-33所示。

选择路径区域选项以确定重叠路径组件如何交叉。在使用形状工具绘制时,按住 Shift 键可临时选择"合并形状"选项;按住 Alt 键可临时选择"减去顶层形状"选项,如图8-34所示。

图8-31

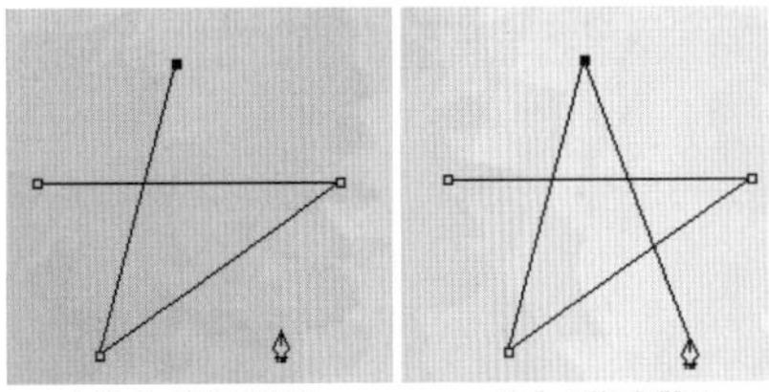

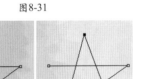

未选中"橡皮带" 选中"橡皮带"

图8-32

图8-33

合并形状
减去顶层形状
与形状区域相交
✓ 排除重叠形状
合并形状组件

图8-34

8.2.2 使用"钢笔工具"绘制直线

(1)单击工具箱中的"钢笔工具"按钮,在选项栏中选择"路径"选项,将光标移至画面中,单击可创建一个锚点,如图8-35所示。

(2)释放鼠标,将光标移至下一处单击可创建第二个锚点,如图8-36所示。两个锚点会连接成一条由角点定义的直线路径,如图8-37所示。

图8-35

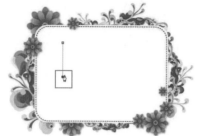
图8-36

图8-37

技巧提示

按住Shift键可以绘制水平、垂直或以45°角为增量的直线。

（3）将光标放在路径的起点，当光标变为 ◔ 形状时，单击即可闭合路径，如图 8-38 所示。

（4）如果要结束一段开放式路径的绘制，可以按住 Ctrl 键并在画面的空白处单击、单击其他工具或按 Esc 键结束路径的绘制，如图 8-39 所示。

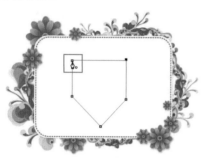
图8-38

图8-39

8.2.3 使用"钢笔工具"绘制波浪曲线

（1）单击"钢笔工具"按钮，然后在选项栏中选择"路径"选项 路径，此时绘制出的将是路径。在画布中单击即可出现一个锚点，释放鼠标，移动光标到另外的位置按住鼠标左键并拖动，即可创建一个平滑点，如图 8-40 所示。

（2）将光标放置在下一个位置，然后按住鼠标左键并拖曳光标创建第二个平滑点，注意要控制好曲线的走向，如图 8-41 所示。

（3）继续绘制出其他的平滑点，如图 8-42 所示。

（4）选择"直接选择工具"，选择各个平滑点，并调节好其方向线，使其生成平滑的曲线，如图 8-43 所示。

图8-40

图8-41

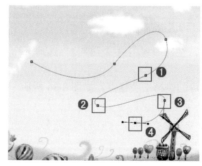
图8-42

图8-43

8.2.4 使用"钢笔工具"绘制多边形

（1）选择"钢笔工具"，然后在选项栏中选择"路径"选项 路径 ，如图8-44所示。接着将光标放置在一个网格上，当光标变成 形状时单击鼠标左键，确定路径的起点，如图8-45所示。

技巧提示

为了便于绘制，执行"视图>显示>网格"命令，画布中即可显示出网格，该网格作为辅助对象在输出后是不可见的，如图8-46所示。

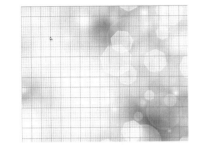

图8-44　　　　　图8-45

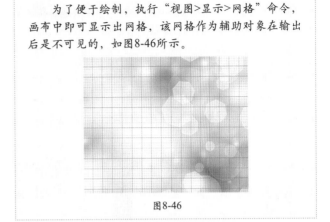

图8-46

（2）将光标移动到下一个网格处，然后单击创建一个锚点，两个锚点会连接为一条直线路径，如图8-47所示。

（3）继续在其他网格上创建出锚点，如图8-48所示。

（4）将光标放置在起点上，当光标变成 形状时，单击闭合路径，隐藏网格，绘制的多边形如图8-49所示。

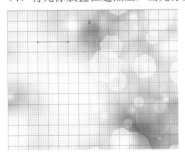
图8-47

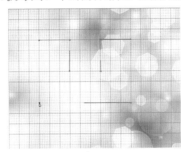
图8-48

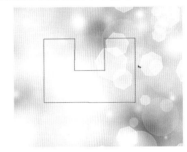
图8-49

8.2.5 使用"自由钢笔工具"绘图

"自由钢笔工具"的选项栏如图8-50所示。在画布中单击确定路径的起点，按住鼠标左键的同时拖动光标，画布中会自动以光标滑动的轨迹创建路径，其间将在路径上自动添加锚点。"自由钢笔工具"比较适合绘制较随意的图形，就像用铅笔在纸上绘图一样，绘制完成后，可以对路径进行进一步的调整，如图8-51所示。

在"自由钢笔工具"选项栏中包含"曲线拟合"参数的控制，该值越大，创建的路径锚点越少，路径越简单；该值越小，创建的路径锚点越多，路径细节越多，如图8-52和图8-53所示。

图8-50

图8-51

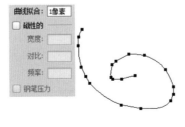
图8-52

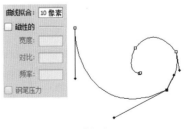
图8-53

8.2.6 使用"磁性钢笔工具"绘图

在"自由钢笔工具"的选项栏中有一个"磁性的"复选框，选中该复选框，"自由钢笔工具"将切换为"磁性钢笔工具"，使用该工具可以像使用"磁性套索工具"一样快速勾勒出对象的轮廓路径。两者都是常用的抠图工具，不过使用"磁性钢笔工具"绘制出的路径还可以通过调整锚点的方式快速调整形状，而"磁性套索工具"则不具备这种功能。选择一张图片，如图8-54所示。单击工具箱中的"磁性钢笔工具"并在选项栏中选中"磁性的"复选框，然后在人像手臂边缘单击并沿交接处拖动光标，可以看到随着光标拖动即可创建出新的路径，继续沿着人像边缘拖动，并从人像以外的区域与起点重合，完成闭合路径的绘制，如图8-55所示。右击并选择"建立选区"命令，在弹出的对话框中单击"确定"按钮，建立选区，如图8-56所示。按Delete键删除选区内部分，使用快捷键Ctrl+D取消选区，效果如图8-57所示。继续使用同样的方式绘制其他部分的路径，最终效果如图8-58所示。在选项栏中单击▪图标，可打开"磁性钢笔工具"的选项，这同时也是"自由钢笔工具"的选项，如图8-59所示。

  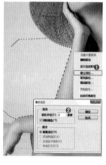   

图8-54 　　　　　图8-55 　　　　　图8-56 　　　　　图8-57 　　　　　图8-58 　　　　　图8-59

视频陪练——使用"磁性钢笔工具"提取人像

实例文件	视频陪练——使用"磁性钢笔工具"提取人像.psd
视频教学	视频陪练——使用"磁性钢笔工具"提取人像.flv
难易指数	★★★★★
技术要点	磁性钢笔工具

扫码看视频

实例效果

本例主要使用"磁性钢笔工具"提取人像部分，并更换背景，效果如图8-60所示。

图8-60

8.2.7 使用"添加锚点工具"

使用"添加锚点工具"可以直接在路径上添加锚点。在使用"钢笔工具"的状态下，将光标放在路径上，待光标变成♠形状（见图8-61）时，在路径上单击，可添加一个锚点，如图8-62所示。

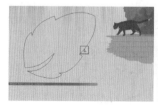

图8-61 　　　　　图8-62

8.2.8 使用"删除锚点工具"

使用"删除锚点工具"可以删除路径上的锚点。将光标放在锚点上，如图8-63所示，当光标变成 ▶_形状时，单击即可删除锚点。在使用"钢笔工具"的状态下，直接将光标移动到锚点上，光标也会变为 ▶_形状，如图8-64所示。

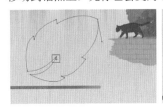

图8-63

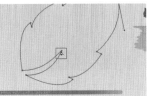

图8-64

8.2.9 使用"转换点工具"调整路径弧度

"转换点工具"主要用来转换锚点的类型。

（1）在角点上单击，如图8-65所示，可以将角点转换

为平滑点，如图8-66所示。

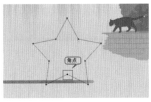

图8-65

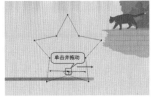

图8-66

（2）在平滑点上单击，如图8-67所示，可以将平滑点转换为角点，如图8-68所示。

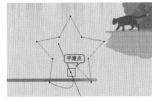

图8-67

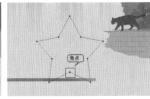

图8-68

视频陪练——使用"钢笔工具"为建筑照片换背景

实例文件	视频陪练——使用"钢笔工具"为建筑照片换背景.psd
视频教学	视频陪练——使用"钢笔工具"为建筑照片换背景.flv
难易指数	★★★★★
技术要点	钢笔工具、转换点工具、直接选择工具

扫码看视频

实例效果

本例效果如图8-69所示。

图8-69

练习实例——使用"钢笔工具"绘制人像选区

实例文件	练习实例——使用"钢笔工具"绘制人像选区.psd
视频教学	练习实例——使用"钢笔工具"绘制人像选区.flv
难易指数	★★★★★
技术要点	钢笔工具、添加与删除锚点工具、转换点工具、直接选择工具

扫码看视频

实例效果

本例主要使用"钢笔工具"绘制出人像精细路径，并通过转换为选区的方式去除背景，对比效果如图8-70和图8-71所示。

操作步骤

步骤01 ▶ 打开人像素材，按住Alt键双击"背景"图层，将其转换为普通图层，如图8-72所示。

步骤02 ▶ 单击工具箱中的"钢笔工具"按钮 ，首先从人像胳膊部分开始绘制，单击即可添加一个锚点，继续在另一处单击添加锚点，即可出现一条直线路径，多次沿人像转折处单击，如图8-73所示。

图8-70

图8-71

技巧提示

　　在绘制复杂路径时，经常会为了绘制得更加精细而添加很多锚点。但是路径上的锚点越多，编辑调整时就越麻烦。所以在绘制路径时，可以先在转折处添加尖角锚点绘制出大体形状，之后再使用"添加锚点工具"增加细节或使用"转换锚点工具"调整弧度。

图8-72　　　　　　　　　　　　图8-73

步骤03　继续使用同样的方法沿边缘绘制，最终回到起始点处单击闭合路径，如图8-74所示。

步骤04　路径闭合之后需要调整路径细节处的弧度，如肩部的边缘处，之前绘制的是直线路径，为了将路径变为弧线形，需要在直线路径的中间处单击添加一个锚点，如图8-75所示。然后使用"直接选择工具"调整新添加的锚点的位置，如图8-76所示。

步骤05　此处新添加的锚点即为平滑的锚点，所以直接拖曳调整两侧控制棒的长度即可调整这部分路径的弧度，如图8-77所示。

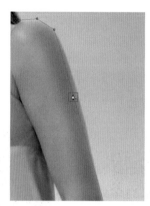
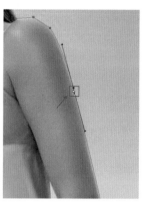
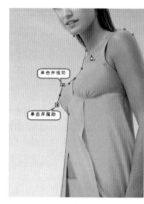

图8-74　　　　　　　　　图8-75　　　　　　　　　图8-76　　　　　　　　　图8-77

步骤06　缺少锚点的区域很多，可以继续使用"钢笔工具"移动到没有锚点的区域单击添加锚点，如图8-78所示。然后使用"直接选择工具"调整锚点的位置，如图8-79所示。

步骤07　大体形状调整完成后，需要放大图像显示比例，仔细观察细节部分，如图8-80所示。以右侧头发边缘为例，仍然需要添加锚点，并调整锚点位置，如图8-81所示。

图8-78　　　　　　　　　图8-79　　　　　　　　　图8-80　　　　　　　　　图8-81

步骤08　继续观察右侧边缘，虽然路径形状大体匹配，但是角点类型的锚点导致转折过于强烈，如图8-82所示。这里需要使用"转换点工具"，单击该锚点并向下拖动光标调出控制棒，然后单击一侧控制棒拖动这部分路径的弧度，如图8-83所示。

步骤09　路径全部调整完毕后，可以右击并执行"建立选区"命令，打开"建立选区"对话框，设置"羽化半径"为0像素，单击"确定"按钮建立当前选区，如图8-84所示。

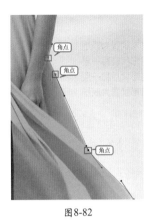
图 8-82

图 8-83

图 8-84

步骤 10 由于当前选区为人像部分，所以需要使用选择反向命令快捷键 Ctrl+Shift+I 制作出背景部分选区，如图 8-85 所示。按 Delete 键删除背景，如图 8-86 所示。

步骤 11 继续使用同样的方法删除手臂与身体的间隙和两腿之间多余的背景部分，如图 8-87 所示。

步骤 12 最后置入背景素材，放在人像图层底部，将其栅格化，并使用"裁剪工具"去掉多余部分，最终效果如图 8-88 所示。

图 8-85

图 8-86

图 8-87

图 8-88

8.3 路径的基本操作

可以对路径进行变换、定义为形状、建立选区、描边等操作，也可以像选区运算一样对其进行相加、相减、交叉等"运算"。

8.3.1 什么是路径的运算

创建多个路径或形状时，可以在工具选项栏中单击相应的运算按钮，设置子路径的重叠区域会产生什么样的交叉结果，下面通过一个形状图层来讲解路径的运算方法。

● 新建图层 ▢：单击该按钮，新绘制的图形与之前的图形不进行运算，如图 8-89 和图 8-90 所示。

● 合并形状 ▣：单击该按钮，新绘制的图形将添加到原有的图形中，如图 8-91 所示。

● 减去顶层形状 ▣：单击该按钮，可以从原有的图形中减去新绘制的图形，如图 8-92 所示。

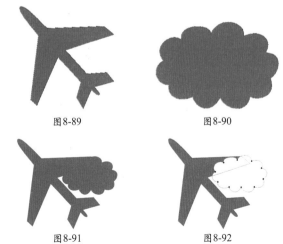

图 8-89　　　　图 8-90

图 8-91　　　　图 8-92

● 与形状区域交叉[图标]：单击该按钮，可以得到新图形与原有图形的交叉区域，如图8-93所示。

● 排除重叠形状[图标]：单击该按钮，可以得到新图形与原有图形重叠部分以外的区域，如图8-94所示。

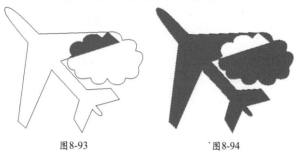

图8-93　　　　　　　`图8-94

8.3.2　变换路径

在"路径"面板中选择路径，然后执行"编辑>变换路径"菜单下的命令即可对其进行相应的变换。变换路径与变换图像的方法完全相同，这里不再进行重复讲解，如图8-95和图8-96所示。

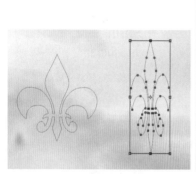

图8-95　　　　　　　图8-96

8.3.3　对齐、分布与排列路径

使用"路径选择工具"选择多个路径，在选项栏中单击"路径对齐方式"按钮，在弹出的菜单中可以对所选路径进行对齐、分布，如图8-97所示。

当文件中包含多个路径时，选择路径，单击选项栏中的"路径排列方法"按钮[图标]，在下拉列表中选择相关命令，可以将选中的路径的层级关系进行相应的排列，如图8-98所示。

图8-97

图8-98

8.3.4　定义为自定形状

定义形状与定义图案、样式画笔类似，可以保存到"自定形状工具"的形状预设中，以后如果需要绘制相同的形状，可以直接调用自定的形状。绘制路径以后，执行"编辑>定义自定形状"命令，可以将其定义为形状。

（1）首先选择路径，如图8-99所示。

（2）然后执行"编辑>定义自定形状"命令，如图8-100所示。

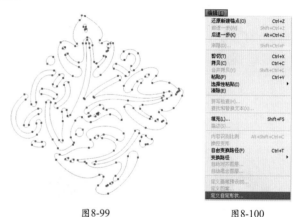

图8-99　　　　　　　图8-100

（3）在弹出的"形状名称"对话框中为形状取一个名字，如图8-101所示。

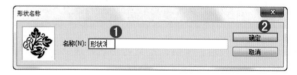

图8-101

（4）在工具箱中单击"自定形状工具"按钮[图标]，然后在选项栏中单击"形状"选项后面的倒三角形图标，接着在弹出的"自定形状"面板中就可以进行选择，如图8-102所示。

图8-102

Photoshop CS6 中文版基础培训教程

视频陪练——使用矢量工具制作水晶质感梨

实例文件	视频陪练——使用矢量工具制作水晶质感梨.psd
视频教学	视频陪练——使用矢量工具制作水晶质感梨.flv
难易指数	★★★★★
技术要点	钢笔工具、渐变工具、选区工具

扫码看视频

实例效果

本例效果如图8-103所示。

图8-103

8.3.5 将路径转换为选区

在使用钢笔工具时，在路径上右击，然后在弹出的快捷菜单中选择"建立选区"命令，在弹出的"建立选区"对话框中设置相关参数，如图8-104所示。也可以使用快捷键Ctrl+Enter将路径转换为选区，如图8-105所示。

图8-104   图8-105

8.3.6 填充路径

（1）使用"钢笔工具"或形状工具（"自定形状工具"除外）状态下，在绘制完成的路径上右击，选择"填充路径"命令，可以打开"填充子路径"对话框。

（2）在"填充子路径"对话框中可以对填充内容进行设置，这里包含多种类型的填充内容，并且可以设置当前填充内容的混合模式以及不透明度等属性，如图8-106所示。

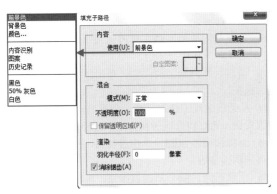
图8-106

（3）可以尝试使用"颜色"与"图案"填充路径，效果如图8-107所示。

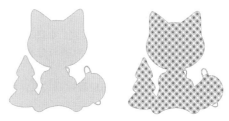
图8-107

8.3.7 描边路径

"描边路径"命令能够以当前所使用的绘画工具沿任何路径创建描边。在Photoshop中可以使用多种工具进行描边路径，如画笔、铅笔、橡皮擦、仿制图章等。选中"模拟压力"复选框可以模拟手绘描边效果，取消选中此复选框，描边为线性、均匀的效果。

（1）在描边之前需要先设置好描边工具的参数。使用"钢笔工具"或形状工具绘制出路径，如图8-108所示。

（2）在路径上右击，在弹出的快捷菜单中选择"描边路径"命令，打开"描边路径"对话框，在该对话框中可以选择描边的工具，如图8-109所示是使用"画笔"描边路径的效果。

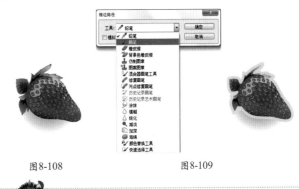
图8-108   图8-109

技巧提示

设置好"画笔"的参数以后，在使用"画笔"状态下按Enter键可以直接为路径描边。

路径选择工具组主要用来选择和调整路径的形状，包括"路径选择工具"▶和"直接选择工具"▶。

8.4.1 使用"路径选择工具"

使用"路径选择工具"单击路径上的任意位置，可以选择单个路径；按住 Shift 键单击可以选择多个路径；按住 Ctrl 键单击可以将当前工具转换为"直接选择工具"。同时，还可以用来组合、对齐和分布路径，其选项栏如图 8-110 所示。

图8-110

● 路径操作▣：设置路径运算方式，如图 8-111 所示。
● 路径对齐方式▣：设置路径对齐与分布的选项，如图 8-112 所示。
● 路径排列▣：设置路径的层级排列关系，如图 8-113 所示。

8.4.2 使用"直接选择工具"

"直接选择工具"主要用来选择路径上的单个或多个锚点，可以移动锚点、调整方向线。单击可以选中其中某一个锚点，如图 8-114 所示；框选或按住 Shift 键单击可以选择多个锚点，如图 8-115 所示；按住 Ctrl 键并单击可以将当前工具转换为"路径选择工具"。

图8-111　　　图8-112　　　图8-113

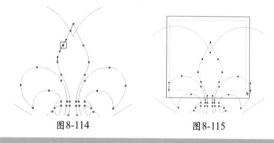

图8-114　　　　　图8-115

"路径"面板主要用来存储、管理以及调用路径，在面板中显示了存储的所有路径、工作路径和矢量蒙版的名称和缩览图。

8.5.1 详解"路径"面板菜单

执行"窗口>路径"命令，可以打开"路径"面板，如图 8-116（a）所示，其面板菜单如图 8-116（b）所示。

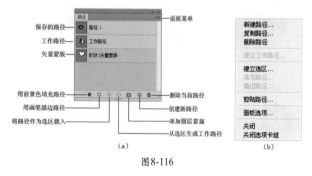

图8-116

● 用前景色填充路径●：单击该按钮，可以用前景色填充路径区域。

● 用画笔描边路径○：单击该按钮，可以用设置好的"画笔工具"对路径进行描边。

● 将路径作为选区载入▦：单击该按钮，可以将路径转换为选区。

● 从选区生成工作路径✿：如果当前文档中存在选区，单击该按钮，可以将选区转换为工作路径。

● 添加图层蒙版▣：单击该按钮，可以在当前选区为图层添加图层蒙版。

● 创建新路径🗏：单击该按钮，可以创建一个新的路径。按住 Alt 键的同时单击"创建新路径"按钮🗏，可以弹出"新建路径"对话框，并可进行名称的设置。拖曳需要复制的路径到该按钮🗏上，可以复制出路径的副本。

● 删除当前路径🗑：将路径拖曳到该按钮上，可以将其删除。

8.5.2　存储工作路径

工作路径是临时路径，是在没有新建路径的情况下使用"钢笔工具"等绘制的路径，一旦重新绘制了路径，原有的路径将被当前路径替代。

如果不想工作路径被替换，可以双击其缩略图，打开"存储路径"对话框，如图8-117所示。将其保存起来，如图8-118所示。

8.5.3　显示路径

如果要将路径在文档窗口中显示出来，可以在"路径"面板中单击该路径。

8.5.4　隐藏路径

在"路径"面板中单击路径以后，文档窗口中就会始终显示该路径，如果希望将其隐藏，可以在"路径"面板的空白区域单击，即可取消对路径的选择。

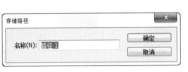

图8-117

图8-118

8.6　形状工具组

Photoshop的形状工具组中包含多种矢量形状工具，如"矩形工具"■、"圆角矩形工具"■、"椭圆工具"■、"多边形工具"■、"直线工具"■和"自定形状工具"■，而"自定形状工具"■中又包含非常多的形状，并且用户可以自行定义其他形状。如图8-119所示为形状工具种类以及使用形状工具可以制作出的图形。

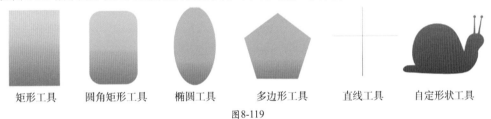

矩形工具　　　圆角矩形工具　　　椭圆工具　　　多边形工具　　　直线工具　　　自定形状工具

图8-119

8.6.1　使用"矩形工具"

"矩形工具"的使用方法与"矩形选框工具"类似，可以绘制出正方形和矩形，如图8-120所示。单击该工具，在选项栏中设置绘制模式，然后在画面中按住鼠标左键并拖动即可绘制出矩形。绘制时按住Shift键可以绘制出正方形；按住Alt键可以以鼠标单击点为中心绘制矩形；按住Shift+Alt快捷键可以以鼠标单击点为中心绘制正方形。在选项栏中单击▾图标，可以打开"矩形工具"的设置选项，如图8-121所示。

图8-120

图8-121

- 不受约束：选中该单选按钮，可以绘制出任意大小的矩形。
- 方形：选中该单选按钮，可以绘制出任意大小的正方形。
- 固定大小：选中该单选按钮，可以在其后面的文本框中输入宽度（W）和高度（H）值，然后在图像上单击即可创建出矩形。
- 比例：选中该单选按钮，可以在其后面的文本框中输入宽度（W）和高度（H）比例，此后创建的矩形始终保持该比例。
- 从中心：以任何方式创建矩形时，选中该单选按钮，鼠标单击点即为矩形的中心。
- 对齐边缘：选中该单选按钮，可以使矩形的边缘与像素的边缘重合，这样图形的边缘就不会出现锯齿。

8.6.2　使用"圆角矩形工具"

　　"圆角矩形工具"可以创建出具有圆角效果的矩形，其创建方法及选项与"矩形工具"完全相同。在选项栏中可以对"半径"数值进行设置，"半径"选项用来设置圆角的半径，数值越大，圆角越大，如图8-122所示，效果如图8-123所示。

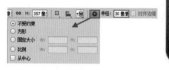

图8-122　　　　　　图8-123

8.6.3　使用"椭圆工具"

　　使用"椭圆工具"可以创建出椭圆和圆形，其设置选项与"矩形工具"相似，如图8-124所示。如果要创建椭圆，直接按住鼠标左键拖曳进行创建即可；如果要创建正圆形，可以按住Shift键或Shift+Alt快捷键（以鼠标单击点为中心）进行创建，如图8-125所示。

图8-124　　　　　　　图8-125

8.6.4　使用"多边形工具"

　　使用"多边形工具"可以创建出正多边形（最少为3条边）和星形，如图8-126所示，其设置选项如图8-127所示。首先需要在选项栏中设置合适的边数，然后在画面中按住鼠标左键并拖动，松开鼠标后即可得到多边形。

　　● 边：设置多边形的边数，设置为3时，可以创建出正三角形；设置为4时，可以绘制出正方形；设置为5时，可以绘制出正五边形，如图8-128所示。

　　● 半径：用于设置多边形或星形的半径长度（单位为厘米），设置好半径以后，在画面中拖曳鼠标即可创建出相应半径的多边形或星形。

　　● 平滑拐角：选中该复选框，可以创建出具有平滑拐角效果的多边形或星形，如图8-129所示。

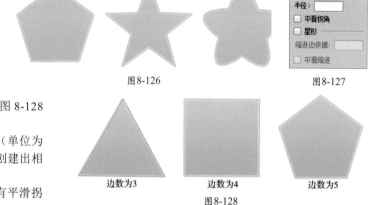

图8-126　　　　　　　　　　图8-127

图8-128

　　● 星形：选中该复选框，可以创建星形，下面的"缩进边依据"文本框主要用来设置星形边缘向中心缩进的百分比，数值越大，缩进量越大。如图8-130所示分别是"缩进边依据"为20%、50%和80%的缩进效果。

　　● 平滑缩进：选中该复选框，可以使星形的每条边向中心平滑缩进，如图8-131所示。

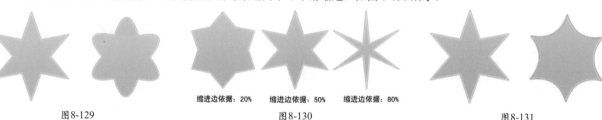

缩进边依据：20%　　缩进边依据：50%　　缩进边依据：80%

图8-129　　　　　　　　图8-130　　　　　　　　图8-131

8.6.5　使用"直线工具"

　　使用"直线工具"可以创建出直线和带有箭头的路径，如图8-132所示，其设置选项如图8-133所示。
　　● 粗细：设置直线或箭头线的粗细，单位为像素，如图8-134所示。

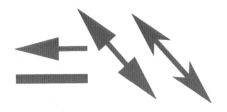
图8-132

图8-133

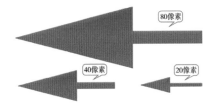
图8-134

● 起点/终点：选中"起点"复选框，可以在直线的起点处添加箭头；选中"终点"复选框，可以在直线的终点处添加箭头；同时选中"起点"和"终点"复选框，则可以在两头都添加箭头，如图8-135所示。

● 宽度：用来设置箭头宽度与直线宽度的百分比，范围为10%～1000%，如图8-136所示分别为"宽度"为200%、800%和1000%时创建的箭头。

● 长度：用来设置箭头长度与直线宽度的百分比，范围为10%～5000%，如图8-137所示分别为"长度"为100%、500%和1000%时创建的箭头。

● 凹度：用来设置箭头的凹陷程度，范围为-50%～50%。值为0时，箭头尾部平齐；值大于0时，箭头尾部向内凹陷；值小于0时，箭头尾部向外凸出，如图8-138所示。

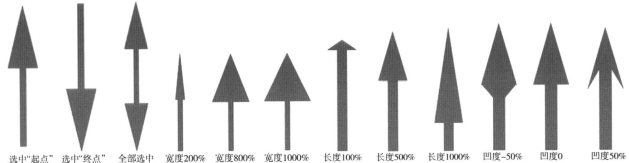

| 选中"起点" | 选中"终点" | 全部选中 | 宽度200% | 宽度800% | 宽度1000% | 长度100% | 长度500% | 长度1000% | 凹度-50% | 凹度0 | 凹度50% |

图8-135　　　　图8-136　　　　图8-137　　　　图8-138

8.6.6　使用"自定形状工具"

使用"自定形状工具"  可以创建出非常多的形状，其选项设置如图8-139所示。这些形状既可以是Photoshop的预设，也可以是用户自定义或加载的外部形状，如图8-140所示。

图8-139　　　　图8-140

在选项栏中单击 图标，打开"自定形状"拾色器，可以看到Photoshop只提供了少量的形状，这时可以单击 图标，然后在弹出的菜单中选择"全部"命令，如图8-141所示，这样可以将Photoshop预设的所有形状都加载到"自定形状"拾色器中，如图8-142所示。如果要加载外部的形状，可以在拾色器菜单中选择"载入形状"命令，然后在弹出的"载入"对话框中选择形状即可（形状的格式为.csh）。

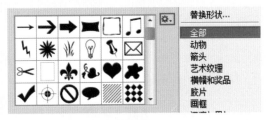
图8-141

图8-142

实例文件	视频陪练——使用"钢笔工具"抠图合成水之恋.psd
视频教学	视频陪练——使用"钢笔工具"抠图合成水之恋.flv
难易指数	☆☆☆☆☆
技术要点	钢笔工具、添加与删除锚点工具、转换点工具、直接选择工具

扫码看视频

实例文件	视频陪练——使用形状工具制作矢量招贴.psd
视频教学	视频陪练——使用形状工具制作矢量招贴.flv
难易指数	☆☆☆☆☆
技术要点	圆角矩形工具、椭圆工具

扫码看视频

实例效果

本例主要使用"钢笔工具"绘制出人像精细路径，并抠取人像去除背景，然后置入新的背景与前景素材，对比效果如图 8-143 和图 8-144 所示。

图 8-143

图 8-144

实例效果

本例效果如图 8-145 所示。

图 8-145

Chapter 09
第9章

图像颜色调整

调色技术是指将特定的色调加以改变，形成不同感觉的另一色调。调色技术在实际应用中又分为两个方面：校正错误色彩和创造风格化色彩。虽然调色技术纷繁复杂，但也是具有一定规律性的，主要涉及色彩构成埋论、颜色模式转换理论、通道理论，如冷暖对比、近实远虚等。在 Photoshop 中比较常用的基本调色工具包括"色阶""曲线""色彩平衡""色相 / 饱和度""可选颜色""通道混合器""渐变映射"命令，以及"调整"面板和拾色器等。

本章学习要点：

- 掌握校正问题图像的方法
- 熟练掌握常用调整命令
- 掌握多种风格化调色技巧

使用调整图层

调整图层在 Photoshop 中既是一种非常重要的工具，又是一种特殊的图层。作为"工具"，它可以调整当前图像显示的颜色和色调，而不会破坏文档中的图层，并且可以重复修改；作为"图层"，调整图层具备图层的一些属性，如不透明度、混合模式、图层蒙版、剪贴蒙版等的可调性，如图 9-1～图 9-4 所示。

图9-1

图9-2

图9-3

图9-4

9.1.1　调整图层与调色命令的区别

在 Photoshop 中，图像色彩的调整共有两种方式。一种是直接执行"图像 > 调整"菜单下的调色命令进行调节，这种方式属于不可修改方式，即一旦调整了图像的色调，就不可以再重新修改调色命令的参数；另外一种方式就是使用调整图层，这种方式属于可修改方式，即如果对调色效果不满意，还可以重新对调整图层的参数进行修改，直到满意为止。

调整图层与调整命令相似，都可以对图像进行颜色的调整。不同的是，调整命令每次只能对一个图层进行操作，而调整图层则会影响在该图层下方所有图层的效果，并且可以重复修改参数而不会破坏原图层。执行"窗口 > 调整"命令，可以打开"调整"面板。在"调整"面板中提供了 16 种调整工具，如图 9-5 所示。

调整图层具有以下优点。

图9-5

◎ 使用调整图层不会对其他图层造成破坏。

◎ 可以随时修改调整图层的相关参数值。

◎ 可以修改其混合模式与不透明度。

◎ 在调整图层的蒙版上绘画，可以将调整应用于图像的一部分。

◎ 创建剪贴蒙版时，调整图层可以只对一个图层产生作用；不创建剪贴蒙版时，则可以对下面的所有图层产生作用。

9.1.2　认识"调整"面板

在"调整"面板中单击一个调整图层图标，即可创建一个相应的调整图层，如图 9-6 所示。在弹出的"属性"面板中可以对调整图层的参数选项进行设置，单击右上角的"自动"按钮即可实现对图像的自动调整，如图 9-7 所示。在

"图层"面板中单击"创建新的填充或调整图层"按钮 ◎，或执行"图层 > 新建调整图层"菜单下的调整命令也可以创建调整图层。

图9-6　　　　　　　图9-7

◎ 蒙版 ▣：单击即可进入该调整图层蒙版的设置状态。

◎ 此调整影响下面的所有图层 ↴▣：单击可剪切到图层。

◎ 切换图层可见性 ◉：单击该按钮，可以隐藏或显示调整图层。

◎ 查看上一状态 ◉：单击该按钮，可以在文档窗口中查看图像的上一个调整效果，以比较两种不同的调整效果。

◎ 复位到调整默认值 ⟲：单击该按钮，可以将调整参数恢复到默认值。

◎ 删除此调整图层 🗑：单击该按钮，可以删除当前调整图层。

9.1.3　新建调整图层

新建调整图层的方法共有以下 3 种。

（1）执行"图层 > 新建调整图层"菜单下的调整命令，如图 9-8 所示。

（2）单击"图层"面板下面的"创建新的填充或调整图层"按钮 ◎，然后在弹出的菜单中选择相应的调整命令，如图 9-9 所示。

（3）在"调整"面板中单击调整图层图标，即可创建相应的调整图层，如图9-10所示。

技巧提示

因为调整图层包含的是调整数据而不是像素，所以它们增加的文件大小远小于标准像素图层。如果要处理的文件非常大，可以将调整图层合并到像素图层中来减小文件的大小。

图9-8

图9-9

图9-10

9.1.4 修改调整参数

（1）创建好调整图层后，在"图层"面板中单击调整图层的缩略图，在"属性"面板中可以显示其相关参数。如果要修改调整参数，重新输入相应的数值即可，如图9-11和图9-12所示。

（2）双击"图层"面板中的调整图层，也可打开"属性"面板进行参数修改，如图9-13所示。

图9-11

图9-12

图9-13

9.1.5 删除调整图层

（1）如果要删除调整图层，可以直接按Delete键，也可以将其拖曳到"图层"面板下的"删除图层"按钮 🗑 上进行删除，如图9-14所示。

（2）也可以在"属性"面板中单击"删除此调整图层"按钮 🗑，如图9-15所示。

（3）如果要删除调整图层的蒙版，可以将蒙版缩略图拖曳到"图层"面板下面的"删除图层"按钮 🗑 上，如图9-16所示。

图9-14

图9-15

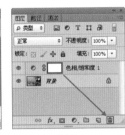

图9-16

练习实例——使用调整图层更改服装颜色

实例文件	练习实例——使用调整图层更改服装颜色.psd
视频教学	练习实例——使用调整图层更改服装颜色.flv
难易指数	★★★★★
技术要点	调整图层

扫码看视频

操作步骤

步骤01 打开本书配套资源中的素材文件，如图9-19所示。

步骤02 执行"图层>新建调整图层>色相/饱和度"命令，创建一个新的"色相/饱和度"调整图层，为了将衣服的红色更改为橙色，需要在属性面板中选择"红色"通道，设置"色相"数值为+17，如图9-20所示。此时可以看到衣服变为了橙色，但是皮肤部分的颜色也发生了变化，如图9-21所示。

实例效果

对比效果如图9-17和图9-18所示。

图9-17

图9-18

图9-19

图9-20

图9-21

步骤 03 设置前景色为黑色，单击工具箱中的"画笔工具"按钮，在选项栏中选择一种圆形柔角画笔。在"图层"面板中单击新创建的"色相／饱和度"调整图层的图层蒙版，并使用"画笔工具"涂抹人像皮肤和身体部分（见图9-22），使画面中只有外套受到调整图层的影响，如图9-23所示。

步骤 04 执行"图层 > 新建调整图层 > 曲线"命令，创建"曲线"调整图层，调整曲线形状，增强画面对比度（见图9-24），效果如图9-25所示。

步骤 05 最后使用文字工具输入艺术字，最终效果如图9-26所示。

  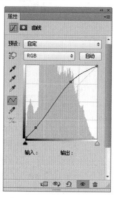  

图9-22　　　　　　图9-23　　　　　　图9-24　　　　　　图9-25　　　　　　图9-26

9.2 图像的快速调整命令

"图像"菜单中包含大量与调色相关的命令，其中包含多个可以快速调整图像的颜色和色调的命令，如"自动色调""自动对比度""自动颜色""照片滤镜""变化""去色"和"色彩均化"等。

9.2.1 自动调整色调/对比度/颜色

"自动色调""自动对比度"和"自动颜色"命令不需要进行参数设置，通常用于校正数码相片中出现的明显的偏色、对比过低、颜色暗淡等常见问题。如图9-27和图9-28所示分别为发灰的图像与偏色图像的校正效果。

图9-27　　　　　　图9-28

9.2.2 照片滤镜

"照片滤镜"调整命令可以模仿在相机镜头前面添加彩色滤镜的效果，使用该命令可以快速调整通过镜头传输的光的色彩平衡、色温和胶片曝光，以改变照片颜色倾向。打开一张照片素材，如图9-29所示，执行"图像 > 调整 > 照片滤镜"命令，打开"照片滤镜"对话框，如图9-30所示。

图9-29

图9-30

技巧提示

在调色命令的对话框中，如果对参数的设置不满意，可以按住 Alt 键，此时"取消"按钮将变成"复位"按钮，单击该按钮可以将参数设置恢复到默认值，如图 9-31 所示。

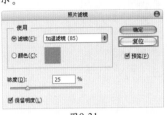

图9-31

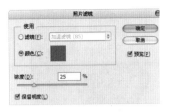

图9-32

图9-33

图9-34

图9-35

图9-36

图9-37

- 颜色：选中"颜色"单选按钮，可以自行设置颜色，如图 9-32 所示，效果如图 9-33 所示。
- 浓度：设置滤镜颜色应用到图像中的颜色百分比。数值越大，应用到图像中的颜色浓度就越高，如图 9-34 所示；数值越小，应用到图像中的颜色浓度就越低，如图 9-35 所示。
- 保留明度：选中该复选框后，可以保持图像的明度不变，如图 9-36 和图 9-37 所示。

——使用调整命令打造胶片相机效果

实例文件	视频陪练——使用调整命令打造胶片相机效果.psd
视频教学	视频陪练——使用调整命令打造胶片相机效果.flv
难易指数	★★★★★
技术要点	调整图层

扫码看视频

实例效果

本例效果如图 9-38 所示。

图9-38

9.2.3 变化

"变化"命令提供了多种可供挑选的效果，通过简单的单击即可调整图像的色彩、饱和度和明度，同时还可以预览调色的整个过程，是一个非常简单、直观的调色命令，并且在使用"变化"命令时，单击调整缩览图产生的效果是累积性的。打开一张素材照片，如图 9-39 所示。执行"图像 > 调整 > 变化"命令，可以打开"变化"对话框，如图 9-40 所示。

- 原稿 / 当前挑选："原稿"缩略图显示的是原始图像；"当前挑选"缩略图显示的是图像调整结果。
- 阴影 / 中间调 / 高光：可以分别对图像的阴影、中间调和高光进行调节。
- 饱和度 / 显示修剪：专门用于调节图像的饱和度。选中"饱和度"单选按钮，在对话框的下面会显示出"减少饱和度""当前挑选"和"增加饱和度"3 个缩略图。单击"减少饱和度"缩略图可以减少图像的饱和度，单击"增加饱和度"缩略图可以增加图像的饱和度。另外，选中"显示修剪"复选框，可以警告超出饱和度范围的最高限度。
- 精细 - 粗糙：该选项用来控制每次进行调整的量。要特别注意，每移动一格滑块，调整数量会双倍增加。
- 各种调整缩略图：单击相应的缩略图，可以进行相应的调整，如单击"加深颜色"缩略图，可以应用一次加深颜色效果。

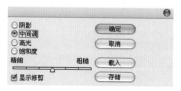

图9-39　　　　　　　　　　　　　　图9-40

9.2.4　使用"去色"命令去掉图像颜色

对图像使用"去色"命令可以将图像中的颜色去掉，使彩色图像快速地变为灰度图像。

打开一张图片，如图 9-41 所示，然后执行"图像 > 调整 > 去色"命令或按 Shift+Ctrl+U 组合键，可以将其调整为灰度效果，如图 9-42 所示。

图9-41　　　　　　　　　　　图9-42

9.2.5　使用"色调均化"命令重新分布亮度

对图像使用"色调均化"命令可将图像中像素的亮度值进行重新分布，图像中最亮的值将变成白色，最暗的值将变成黑色，中间的值将分布在整个灰度范围内，使其更均匀地呈现所有范围的亮度级。如图 9-43 和图 9-44 所示分别为原图和效果图。

如果图像中存在选区，如图 9-45 所示，则执行"色调均化"命令时会弹出"色调均化"对话框，如图 9-46 所示。

图9-43　　　　　　　　　　　图9-44　　　　　　　　　　　图9-45

选中"仅色调均化所选区域"单选按钮，则仅均化选区内的像素，如图 9-47 所示。

选中"基于所选区域色调均化整个图像"单选按钮，则可以按照选区内的像素均化整个图像的像素，如图 9-48 所示。

图9-46　　　　　　　　　　　图9-47　　　　　　　　　　　图9-48

9.3 图像的影调调整命令

影调指画面的明暗层次、虚实对比和色彩的色相明暗等之间的关系。通过这些关系,使欣赏者感到光的流动与变化。而图像影调的调整主要是针对图像的明暗、曝光度、对比度等属性的调整。在"图像"菜单下的"色阶""曲线""曝光度"等命令都可以对图像的影调进行调整,如图9-49和图9-50所示。

图9-49

图9-50

9.3.1 亮度/对比度

"亮度 / 对比度"命令可以对图像的色调范围进行简单的调整,是常用的影调调整命令,能够快速地校正图像发灰的问题。选择一张图片,如图9-51所示。由于画面偏灰,执行"图像 > 调整 > 亮度 / 对比度"命令,在打开的"亮度 / 对比度"对话框中设置相应的参数,如图9-52所示。此时画面对比度恢复正常,效果如图9-53所示。

图9-51

图9-52

图9-53

 技巧提示

在修改参数之后,如果需要还原成原始参数,可以按住 Alt 键,"亮度 / 对比度"对话框中的"取消"按钮会变为"复位"按钮,单击该"复位"按钮即可还原原始参数,如图 9-54 所示。

图9-54

亮度:用来设置图像的整体亮度。数值为负值时,表示降低图像的亮度,如图 9-55 所示;数值为正值时,表示提高图像的亮度,如图 9-56 所示。

对比度:用于设置图像亮度对比的强烈程度,如图 9-57 和图 9-58 所示。

预览:选中该复选框后,在"亮度 / 对比度"对话框中调节参数时,可以在文档窗口中观察到图像的亮度变化。

使用旧版:选中该复选框后,可以得到与 Photoshop CS3 以前的版本相同的调整结果。

自动:单击该按钮,Photoshop 会自动根据画面进行调整。

图9-55

图9-56

图9-57

图9-58

视频陪练——使用"亮度/对比度"命令校正偏灰的图像

实例文件	视频陪练——使用"亮度/对比度"命令校正偏灰的图像.psd
视频教学	视频陪练——使用"亮度/对比度"命令校正偏灰的图像.flv
难易指数	★★★★★
技术要点	"亮度/对比度"命令

扫码看视频

实例效果

本例对比效果如图 9-59 和图 9-60 所示。

图9-59

图9-60

9.3.2　使用"色阶"命令

"色阶"命令是一个非常强大的调整工具，不仅可以针对图像进行明暗对比的调整，还可以对图像的阴影、中间调和高光强度级别进行调整，以及分别对各个通道进行调整，以调整图像明暗对比或者色彩倾向。

（1）执行"图像 > 调整 > 色阶"命令或按 Ctrl+L 快捷键，可以打开"色阶"对话框，如图 9-61 所示。打开一张素材照片，如图 9-62 所示。

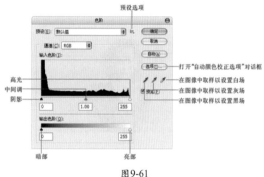
图9-61

图9-62

（2）展开"预设"下拉列表，如图 9-63 所示，可以选择一种预设的色阶调整选项来对图像进行调整，如图 9-64 和图 9-65 所示为预设效果。

（3）单击"预设选项"按钮，可以对当前设置的参数进行保存，以便以后调用，或载入一个已有外部的预设调整文件，如图 9-66 所示。

图9-63　　　　图9-64

图9-65

图9-66

（4）在"通道"下拉列表中可以选择一个通道来对图像进行调整，以校正图像的颜色，如图 9-67 所示，效果如图 9-68 所示。

（5）在"输入色阶"中可以通过拖曳滑块来调整图像的阴影、中间调和高光，同时也可以直接在对应的文本框中输入数值。将滑块向左拖曳，可以使图像变亮，如图 9-69 所示；将滑块向右拖曳，可以使图像变暗，如图 9-70 所示。

（6）在"输出色阶"中可以设置图像的亮度范围，从而降低对比度，如图 9-71～图 9-74 所示。

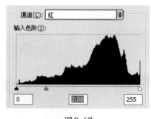
图9-67

图9-68

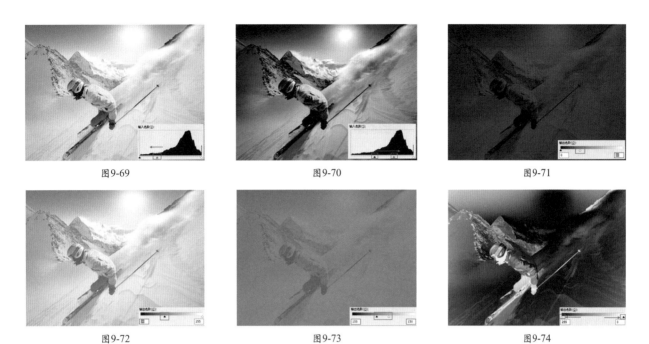

图9-69　　　　　　　　　　　图9-70　　　　　　　　　　　图9-71

图9-72　　　　　　　　　　　图9-73　　　　　　　　　　　图9-74

（7）单击"自动"按钮，Photoshop 会自动调整图像的色阶，使图像的亮度分布更加均匀，从而达到校正图像颜色的目的。

（8）单击"选项"按钮，可以打开"自动颜色校正选项"对话框，在该对话框中可以设置单色、每通道、深色与浅色的算法等。

（9）使用"在图像中取样以设置黑场"吸管在图像中单击取样，可以将单击点处的像素调整为黑色，同时图像中比该单击点暗的像素也会变成黑色。

（10）使用"在图像中取样以设置灰场"吸管在图像中单击取样，可以根据单击点像素的亮度来调整其他中间调的平均亮度。

（11）使用"在图像中取样以设置白场"吸管在图像中单击取样，可以将单击点处的像素调整为白色，同时图像中比该单击点亮的像素也会变成白色。

9.3.3　曲线

"曲线"命令的功能非常强大，不仅可以进行图像明暗的调整，还具备"亮度 / 对比度""色彩平衡""阈值"和"色阶"等命令的功能。通过调整曲线的形状，可以对图像的色调进行非常精确的调整。选择一张图片，如图 9-75 所示。由于图像色感不足，对比度较低，所以执行"图像 > 调整 > 曲线"命令或按 Ctrl+M 快捷键，然后在弹出的"曲线"对话框中调节曲线形状，此时画面对比度和色感增强，效果如图 9-76 所示。

图9-75　　　　　　　　图9-76

将光标放在曲线上，按住鼠标左键并拖曳即可改变曲线的形态，图像的明暗也会随之发生改变。不同的曲线形态得

到的效果也不相同，将曲线向左上扬，则会提亮画面，如图 9-77 所示；向右下压，则会使画面变暗，如图 9-78 所示。

图9-77　　　　　　　　图9-78

如果将曲线调整为 S 形，则会增强画面对比度，如图 9-79 所示。调整为 Z 形则会减弱对比度。曲线窗口如图 9-80 所示。

图9-79　　　　　　　　图9-80

实例文件	视频陪练——使用"曲线"命令快速打造反转片效果.psd
视频教学	视频陪练——使用"曲线"命令快速打造反转片效果.flv
难易指数	★★★★★
技术要点	"曲线"命令

扫码看视频

实例效果

本例对比效果如图 9-81 和图 9-82 所示。

图9-81　　　　　　　　　　图9-82

9.3.4　曝光度

"曝光度"命令不是通过当前颜色空间，而是通过在线性颜色空间执行计算而得出曝光效果。使用"曝光度"命令可以通过调整曝光度、位移、灰度系数 3 个参数调整照片的对比反差，修复数码相片中常见的曝光过度与曝光不足等问题。选择一张图片，如图 9-83 所示。可见图像整体偏暗，所以执行"图层 > 新建调整图层 > 曝光度"命令，在打开的"新建图层"对话框中单击"确定"按钮，然后在弹出的"曝光度"对话框中设置适当的参数，此时图像曝光度恢复正常，效果如图 9-84 所示。"曝光度"对话框如图 9-85 所示。

图9-83　　　　　　　图9-84　　　　　　　　　　　图9-85

⬮ 预设 / 预设选项：Photoshop 预设了 4 种曝光效果，分别是"减 1.0""减 2.0""加 1.0"和"加 2.0"。单击"预设选项"按钮，可以对当前设置的参数进行保存，或载入一个外部的预设调整文件。

⬮ 曝光度：向左拖曳滑块，可以降低曝光效果；向右拖曳滑块，可以增强曝光效果。

⬮ 位移：该选项主要对阴影和中间调起作用，可以使其变暗，但对高光基本不会产生影响。

⬮ 灰度系数校正：使用一种乘方函数来调整图像灰度系数。

实例文件	视频陪练——使用"曝光度"命令校正图像曝光问题.psd
视频教学	视频陪练——使用"曝光度"命令校正图像曝光问题.flv
难易指数	★★★★★
技术要点	"曝光度"命令

扫码看视频

实例效果

本例对比效果如图 9-86 和图 9-87 所示。

图9-86　　　　　　　　　　图9-87

9.3.5 阴影/高光

"阴影 / 高光"命令常用于还原图像阴影区域过暗或高光区域过亮造成的细节损失。在调整阴影区域时,对高光区域的影响很小,如图 9-88 和图 9-89 所示为还原暗部细节的对比效果。而调整高光区域又对阴影区域的影响很小,如图 9-90 和图 9-91 所示为还原亮部细节的对比效果。"阴影 / 高光"命令可以基于阴影 / 高光中的局部相邻像素来校正每个像素。

图9-88   图9-89   图9-90   图9-91

打开一张图片,如图 9-92 所示,从图片中可以直观地看出,人像服装部分为高光区域,背景部分为阴影区域。执行"图像 > 调整 > 阴影 / 高光"命令,打开"阴影 / 高光"对话框,如图 9-93 所示。选中"显示更多选项"复选框后,可以显示"阴影 / 高光"的完整选项,如图 9-94 所示。

图9-92   图9-93   图9-94

阴影:"数量"选项用来控制阴影区域的亮度,值越大,阴影区域越亮,如图 9-95 和图 9-96 所示;"色调宽度"选项用来控制色调的修改范围,值较小时,修改的范围就只针对较暗的区域,如图 9-97 和图 9-98 所示;"半径"选项用来控制像素是在阴影中还是在高光中,如图 9-99 和图 9-100 所示。

图9-95   图9-96   图9-97   图9-98   图9-99   图9-100

高光:"数量"选项用来控制高光区域的黑暗程度,值越大,高光区域越暗,如图 9-101 和图 9-102 所示;"色调宽度"选项用来控制色调的修改范围,值较小时,修改的范围就只针对较亮的区域;"半径"选项用来控制像素是在阴影中还是在高光中。

调整:"颜色校正"选项用来调整已修改区域的颜色;"中间调对比度"选项用来调整中间调的对比度;"修剪黑色"和"修剪白色"选项决定了在图像中将多少阴影和高光剪到新的阴影中。

存储为默认值:如果要将对话框中的参数设置存储为默认值,可以单击该按钮。存储为默认值以后,再次打开"阴影 / 高光"对话框时,就会显示该参数。

图9-101	图9-102

视频陪练——使用"阴影/高光"命令还原暗部细节

实例文件	视频陪练——使用"阴影/高光"命令还原暗部细节.psd
视频教学	视频陪练——使用"阴影/高光"命令还原暗部细节.flv
难易指数	★★★★★
技术要点	"阴影/高光"命令

扫码看视频

实例效果

本例主要是针对"阴影/高光"命令的使用方法进行练习,对比效果如图 9-103 和图 9-104 所示。

图9-103	图9-104

9.4 图像的色调调整命令

9.4.1 使用"自然饱和度"命令

"自然饱和度"与"色相/饱和度"命令相似,都可以针对图像饱和度进行调整,但是使用"自然饱和度"命令可以在增加图像饱和度的同时有效地防止颜色过于饱和而出现的溢色现象。如图 9-105～图 9-107 所示分别为原图、使用"自然饱和度"命令进行调整和使用"色相/饱和度"命令进行调整的对比效果图。

图9-105	图9-106	图9-107

(1)如图 9-108 所示为照片素材。执行"图像 > 调整 > 自然饱和度"命令,打开"自然饱和度"对话框,如图 9-109 所示。

图9-108	图9-109

（2）调整"自然饱和度"滑块，向左拖曳滑块，可以降低颜色的饱和度，如图9-110所示；向右拖曳滑块，可以增加颜色的饱和度，如图9-111所示。

图9-110　　　　　　　　　　图9-111

 技巧提示

　　调节"自然饱和度"选项，不会生成饱和度过高或过低的颜色，画面始终会保持一个比较平衡的色调，对于调节人像非常有用。

（3）调整"饱和度"滑块，向左拖曳滑块，可以降低所有颜色的饱和度；向右拖曳滑块，可以增加所有颜色的饱和度。当数值为-100时，画面呈现完全黑白的效果，而数值为+100时，画面饱和度比自然饱和度为+100时稍高一些，如图9-112和图9-113所示。

图9-112

图9-113

9.4.2　色相/饱和度

　　"色相/饱和度"命令通常可以进行色相、饱和度、明度的调整，同时也可以选择某一通道单独进行调整。选择一张图片，如图9-114所示。执行"图像＞调整＞色相/饱和度"命令或按Ctrl+U快捷键，在打开的"色相/饱和度"对话框中适当调节参数，如图9-115所示。此时可以看到图像颜色发生了变化，效果如图9-116所示。

　　 通道下拉列表："全图""红色""黄色""绿色""青色""蓝色"和"洋红"通道进行调整。选择好通道以后，拖曳下面的"色相""饱和度"和"明度"滑块，可以对该通道的色相、饱和度和明度进行调整。

 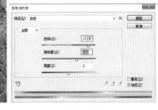 

图9-114　　　　　　　　图9-115　　　　　　　　图9-116

　　 色相：移动"色相"滑块可以更改画面整体或单一通道的颜色。
　　 饱和度：向右移动滑块可以增加画面饱和度，使画面更艳丽；向左移动滑块可以减弱画面饱和度，使画面更暗淡。
　　 明度：调整画面的明亮程度，向右移动滑块可以使画面更亮，向左移动滑块可以使画面更暗。

视频陪练——使用"色相/饱和度"命令校正偏色图像

实例文件	视频陪练——使用"色相/饱和度"命令校正偏色图像.psd
视频教学	视频陪练——使用"色相/饱和度"命令校正偏色图像.flv
难易指数	★★★★☆
技术要点	"色相/饱和度"命令

扫码看视频

实例效果

本例对比效果如图9-117和图9-118所示。

图9-117　　　　　　　　　　图9-118

视频陪练——使用"色相/饱和度"命令还原真彩图像

实例文件	视频陪练——使用"色相/饱和度"命令还原真彩图像.psd
视频教学	视频陪练——使用"色相/饱和度"命令还原真彩图像.flv
难易指数	★★★★★
技术要点	"色相/饱和度"命令

扫码看视频

实例效果

本例对比效果如图9-119和图9-120所示。

图9-119　　　　　　　　　　图9-120

9.4.3 色彩平衡

　　使用"色彩平衡"命令调整图像的颜色时，根据颜色的补色原理，要减少某个颜色就增加这种颜色的补色。该命令可以控制图像的颜色分布，使图像整体达到色彩平衡。选择一张图片，如图 9-121 所示。可见图像色调正常，如果想要模拟出青蓝色系的冷色调效果，可以执行"图像 > 调整 > 色彩平衡"命令或按 Ctrl+B 快捷键，在打开的"色彩平衡"对话框中适当调节参数，此时可以看到画面整体色调倾向发生变化，效果如图 9-122 所示。"色彩平衡"对话框如图 9-123 所示。

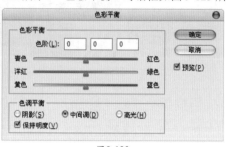

图9-121　　　　　　　　　　图9-122　　　　　　　　　　　　　　图9-123

　　⬥ 色彩平衡：用于调整"青色 - 红色""洋红 - 绿色"以及"黄色 - 蓝色"在图像中所占的比例，可以手动输入数值，也可以拖曳滑块来进行调整。例如，向右拖曳"青色 - 红色"滑块，可以在图像中增加红色，同时减少其补色青色，如图 9-124 所示；向右拖曳"洋红 - 绿色"滑块，可以在图像中增加绿色，同时减少其补色洋红，如图 9-125 所示。

　　⬥ 色调平衡：选择调整色调平衡的方式，包括"阴影""中间调"和"高光"3 个选项，如图 9-126 ～图 9-129 所示分别是原图和向"阴影""中间调""高光"添加蓝色以后的效果。

　　⬥ 保持明度：如果选中"保持明度"复选框，可以保持图像的色调不变，以防止亮度值随着颜色的改变而改变。如图 9-130 和图 9-131 所示分别为选中和取消选中"保持明度"复选框的对比效果图。

图9-124　　　　　　　　　　图9-125　　　　　　　　　　图9-126　　　　　　　　　　图9-127

图9-128　　　　　　　　　　图9-129　　　　　　　　　　图9-130　　　　　　　　　　图9-131

视频陪练——使用"色彩平衡"命令快速改变画面色温

实例文件	视频陪练——使用"色彩平衡"命令快速改变画面色温.psd
视频教学	视频陪练——使用"色彩平衡"命令快速改变画面色温.flv
难易指数	★★★★★
技术要点	"色彩平衡"命令

扫码看视频

实例效果

本例对比效果如图 9-132 和图 9-133 所示。

图9-132　　　　　　　图9-133

9.4.4 黑白

"黑白"命令具有两项功能:一是可把彩色图像转换为黑白图像,同时可以控制每一种色调的量;二是可以将黑白图像转换为带有颜色的单色图像。执行"图像>调整>黑白"命令或按Alt+Shift+Ctrl+B组合键,可以打开"黑白"对话框,如图9-134和图9-135所示为原图以及"黑白"对话框。此时画面变为灰度效果。调整数值会更改画面中不同区域的明度。选中"色调"复选框则会为画面着色,使之成为单色图像。

图9-134   图9-135

○ 预设:在"预设"下拉列表中提供了12种黑白图像效果,可以直接选择相应的预设来创建黑白图像。

○ 颜色:这6个选项用来调整图像中特定颜色的灰色调。例如,向左拖曳"红色"滑块,可以使由红色转换而来的灰度色变暗,如图9-136所示;向右拖曳滑块,则可以使灰度色变亮,如图9-137所示。

答疑解惑——"去色"命令与"黑白"命令有什么不同?

"去色"命令只能简单地去掉所有颜色,只保留原图像中单纯的黑白灰关系,并且将丢失很多细节。而"黑白"命令则可以通过参数的设置调整各个颜色在黑白图像中的亮度,这是"去色"命令所不能够达到的,所以如果想要制作高质量的黑白照片,则需要使用"黑白"命令。

○ 色调/色相/饱和度:选中"色调"复选框,可以为黑色图像着色,以创建单色图像,另外还可以调整单色图像的色相和饱和度,如图9-138所示。

图9-136   图9-137   图9-138

9.4.5 通道混合器

对图像执行"图像>调整>通道混合器"命令,可以对图像的某一个通道的颜色进行调整,以创建出各种不同色调的图像,同时也可以用来创建高品质的灰度图像。选择一张图片,如图9-139所示。可见图像色调正常,如果想要模拟出黄色系的暖色调效果,可以执行"图像>调整>通道混合器"命令,在打开的"通道混合器"对话框中首先设置需要调整的通道,接着适当调整参数。"通道混合器"对话框如图9-140所示。可见此时图像色调发生变化,效果如图9-141所示。

图9-139   图9-140   图9-141

- 预设 / 预设选项■：Photoshop 提供了 6 种制作黑白图像的预设效果。单击"预设选项"按钮■，可以对当前设置的参数进行保存，或载入一个外部的预设调整文件。
- 输出通道：在下拉列表中可以选择一种通道来对图像的色调进行调整。
- 源通道：用来设置源通道在输出通道中所占的百分比。将一个源通道的滑块向左拖曳，可以减小该通道在输出通道中所占的百分比；向右拖曳，则可以增加百分比。
- 总计：显示源通道的计数值。如果计数值大于 100%，则有可能会丢失一些阴影和高光细节。
- 常数：用来设置输出通道的灰度值，负值可以在通道中增加黑色，正值可以在通道中增加白色。
- 单色：选中该复选框，图像将变成黑白效果。

视频陪练——使用通道混合器打造复古效果

实例文件	视频陪练——使用通道混合器打造复古效果.psd
视频教学	视频陪练——使用通道混合器打造复古效果.flv
难易指数	★★★★★
技术要点	通道混合器

扫码看视频

实例效果

本例对比效果如图 9-142 和图 9-143 所示。

图9-142　　　　　图9-143

9.4.6　颜色查找

执行"图像 > 调整 > 颜色查找"命令，在弹出的对话框中可以从以下方式中选择用于颜色查找的方式：3D LUT 文件、摘要、设备链接，并可在每种方式的下拉列表中选择合适的类型，选择完成后可以看到图像整体颜色发生了风格化的变化，如图 9-144～图 9-146 所示。

图9-144　　　　　　　图9-145　　　　　　　　图9-146

9.4.7　可选颜色

"可选颜色"命令可以在图像中的每个主要原色成分中更改印刷色的数量，也可以在不影响其他主要颜色的情况下有选择地修改任何主要颜色中的印刷色数量。选择一张图片，如图 9-147 所示。可见图像色调正常，如果想要模拟出蓝色系的冷色调效果，可以执行"图像 > 调整 > 可选颜色"命令，在打开的"可选颜色"对话框中首先设置需要调整的颜色通道，然后调整下方的各个颜色的数值，使图像色调发生变化，效果如图 9-148 所示。"可选颜色"对话框如图 9-149 所示。

图9-147　　　　　　　图9-148　　　　　　　　图9-149

🔵 **颜色**：在下拉列表中选择要修改的颜色，然后对下面的颜色进行调整，可以调整该颜色中青色、洋红、黄色和黑色所占的百分比。

🔵 **方法**：选择"相对"方式，可以根据颜色总量的百分比来修改青色、洋红、黄色和黑色的数量；选择"绝对"方式，可以采用绝对值来调整颜色。

视频陪练——使用"可选颜色"命令制作金色的草地

实例文件	视频陪练——使用"可选颜色"命令制作金色的草地.psd
视频教学	视频陪练——使用"可选颜色"命令制作金色的草地.flv
难易指数	★★★★★
技术要点	"可选颜色"命令

扫码看视频

实例效果

本例对比效果如图 9-150 和图 9-151 所示。

图9-150   图9-151

视频陪练——使用"可选颜色"命令制作 LOMO 色调照片

实例文件	视频陪练——使用"可选颜色"命令制作LOMO色调照片.psd
视频教学	视频陪练——使用"可选颜色"命令制作LOMO色调照片.flv
难易指数	★★★★★
技术要点	"可选颜色"命令、圆角矩形工具

扫码看视频

实例效果

本例对比效果如图 9-152 和图 9-153 所示。

图9-152   图9-153

9.4.8　使用"匹配颜色"命令

"匹配颜色"命令的原理是：将一个图像作为源图像，另一个图像作为目标图像，然后以源图像的颜色与目标图像的颜色进行匹配。源图像和目标图像可以是两个独立的文件，也可以是同一个图像中的不同图层。

（1）打开两张图片，如图 9-154 和图 9-155 所示。选中其中一个文档，执行"图像 > 调整 > 匹配颜色"命令，打开"匹配颜色"对话框，如图 9-156 所示。

图9-154　　　　　　　　　　　图9-155　　　　　　　　　　　图9-156

（2）在目标图像组中显示了要修改的图像的名称以及颜色模式。选中"应用调整时忽略选区"复选框，如果目标图像（即被修改的图像）中存在选区，Photoshop 将忽视选区的存在，会将调整应用到整个图像，如图 9-157 所示；如果取消选中该复选框，那么调整只针对选区内的图像，如图 9-158 所示。

（3）"明亮度"选项用来调整图像匹配的明亮程度，数值越大，画面亮度越高；数值越小，画面越暗，如图9-159～图9-161所示分别为"明亮度"为1、100、200时的效果。

（4）"颜色强度"选项相当于图像的饱和度，因此主要用来调整图像的饱和度，如图9-162和图9-163所示分别是设置该值为1和200时的颜色匹配效果。

图9-157

图9-158

（5）"渐隐"选项类似于图层蒙版，它决定了有多少源图像的颜色匹配到目标图像的颜色中，如图9-164和图9-165所示分别是设置该值为50和100（不应用调整）时的匹配效果。

（6）选中"中和"复选框可以去除匹配后图像中的偏色现象，如图9-166所示。

图9-159 　　　　　图9-160 　　　　　图9-161 　　　　　图9-162

图9-163 　　　　　图9-164 　　　　　图9-165 　　　　　图9-166

（7）当"目标图像"选择为源图像时，选中"使用源选区计算颜色"复选框可以使用源图像中选区图像的颜色来计算匹配颜色，如图9-167和图9-168所示。

（8）选中"使用目标选区计算调整"复选框可以使用目标图像中选区图像的颜色来计算匹配颜色，如图9-169和图9-170所示分别为选中和取消选中该复选框的效果。

图9-167 　　　　　图9-168 　　　　　图9-169 　　　　　图9-170

（9）"源"选项用来选择源图像，即将颜色匹配到目标图像的图像；"图层"选项用来选择需要用来匹配颜色的图层。

（10）"载入数据统计"和"存储数据统计"选项主要用来载入已存储的设置与存储当前的设置。

9.4.9　替换颜色

利用"替换颜色"命令可以修改图像中选定颜色的色相、饱和度和明度，从而将选定的颜色替换为其他颜色。打开一张图片，如图9-171所示。为草地换颜色，执行"图像 > 调整 > 替换颜色"命令，在打开的"替换颜色"对话框中首先需要使用顶部的"吸管工具"吸取需要替换区域的颜色，配合调整"颜色容差"的数值。使需要被调整的区域在预览区域中显示为白色，而其他区域显示为黑色。接下来调整下方"替换"

图9-171

参数组的数值,使画面中被选中的区域颜色发生变化。效果如图9-172所示。"替换颜色"对话框如图9-173所示。

　　　吸管:使用"吸管工具" 在图像上单击,可以选中单击点处的颜色,同时在"选区"缩略图中也会显示出选中的颜色区域(白色代表选中的颜色,黑色代表未选中的颜色),如图9-174和图9-175所示;使用"添加到取样工具" 在图像上单击,可以将单击点处的颜色添加到选中的颜色中,如图9-176和图9-177所示;使用"从取样中减去工具" 在图像上单击,可以将单击点处的颜色从选定的颜色中减去,如图9-178和图9-179所示。

图9-172　　　　　　　　　　　图9-173

图9-174　　　　　　　　　　图9-175

图9-176　　　　　　　　　　图9-177

图9-180　　　　　　　　　　图9-181

　　　颜色:显示选中的颜色,如图9-180和图9-181所示。

　　　颜色容差:用来控制选中颜色的范围。数值越大,选中的颜色范围越广,如图9-182～图9-184。

图9-182

图9-183　　　　　　　　　　图9-184

　　　本地化颜色簇:主要用来在图像上选择多种颜色。例如,如果要选中图像中的红色和黄色,可以先选中该复选框,然后使用"吸管工具" 在红色上单击,再使用"添加到取样工具" 在黄色上单击,同时选中这两种颜色(如果继续单击其他颜色,还可以选中多种颜色),这样就可以同时调整多种颜色的色相、饱和度和明度。

选区 / 图像：选择"选区"方式，可以以蒙版方式进行显示，其中白色表示选中的颜色，黑色表示未选中的颜色，灰色表示只选中了部分颜色，如图 9-185 所示；选择"图像"方式，则只显示图像，如图 9-186 所示。

色相 / 饱和度 / 明度：这 3 个选项与"色相 / 饱和度"命令的 3 个选项相同，可以调整选定颜色的色相、饱和度和明度。

图9-185　　　　　　　　图9-186

视频陪练——使用"替换颜色"命令替换天空颜色

实例文件	视频陪练——使用"替换颜色"命令替换天空颜色.psd
视频教学	视频陪练——使用"替换颜色"命令替换天空颜色.flv
难易指数	★★★★★
技术要点	"替换颜色"命令

扫码看视频

实例效果

本例对比效果如图 9-187 和图 9-188 所示。

图9-187　　　　　　　　图9-188

9.5　特殊色调调整的命令

9.5.1　使用"反相"命令

"反相"命令可以将图像中的某种颜色转换为它的补色，即将原来的黑色变成白色，白色变成黑色，从而创建出负片效果，如图 9-189 和图 9-190 所示。

执行"图层 > 调整 > 反相"命令或按 Ctrl+I 快捷键，即可得到反相效果。"反相"命令是一个可以逆向操作的命令，比如对一张图像执行"反相"命令，创建出负片效果，再次对负片图像执行"反相"命令，又会得到原来的图像，如图 9-191 和图 9-192 所示。

图9-189　　　　图9-190　　　　　　图9-191　　　　图9-192

9.5.2　使用"色调分离"命令

"色调分离"命令可以指定图像中每个通道的色调级数目或亮度值，然后将像素映射到最接近的匹配级别，如图 9-193 所示。

对图像执行"图像 > 调整 > 色调分离"命令，在"色调分离"对

图9-193

话框中可以进行"色阶"的设置，设置的"色阶"值越小，分离的色调越多；"色阶"值越大，保留的图像细节就越多。如图 9-194 ～图 9-196 所示分别为原图、色阶数为 6 和色阶数为 2 时的效果。

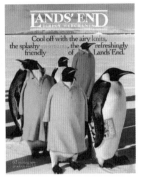

图9-194

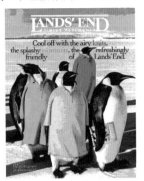

图9-195

图9-196

9.5.3 使用"值"命令

阈值是基于图片亮度的一个黑白分界值，在 Photoshop 中使用"阈值"命令将删除图像中的色彩信息，将其转换为只有黑、白两种颜色的图像，并且比阈值亮的像素将转换为白色，比阈值暗的像素将转换为黑色，如图 9-197 和图 9-198 所示。

对图像执行"图像＞调整＞阈值"命令，在"阈值"对话框中拖曳直方图下面的滑块或输入"阈值色阶"数值可以指定一个色阶作为阈值，如图 9-199 所示。

图9-197

图9-198

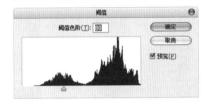

图9-199

9.5.4 使用"渐变映射"命令

"渐变映射"命令的工作原理很简单，即先将图像转换为灰度图像，然后将相等的图像灰度范围映射到指定的渐变填充色，就是将渐变色映射到图像上，如图 9-200 ～图 9-202 所示。

图9-200

图9-201

图9-202

（1）执行"图像＞调整＞渐变映射"命令，打开"渐变映射"对话框，如图 9-203 所示。

（2）单击"灰度映射所用的渐变"下面的渐变条，打开"渐变编辑器"对话框，如图 9-204 所示。在该对话框中可以选择或重新编辑一种渐变应用到图像上，如图 9-205 所示。

（3）选中"仿色"复选框以后，Photoshop 会添加一些随机的杂色来平滑渐变效果。

（4）选中"反向"复选框以后，可以反转渐变的填充方向，映射出的渐变效果也会发生变化，如图 9-206 所示。

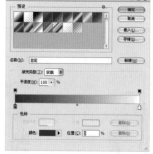

图9-203

图9-204

图9-205

图9-206

9.5.5　HDR色调

　　"HDR 色调"命令可以用来修补太亮或太暗的图像，制作出高动态范围的图像效果，对于处理风景图像非常有用。HDR 图像具有几个显而易见的特征：亮的地方可以非常亮，暗的地方可以非常暗，并且亮暗部的细节都很明显 。选择一张图片，如图 9-207 所示。可见图像色调偏暗，所以执行"图像 > 调整 >HDR 色调"命令，在打开的"HDR 色调"对话框中设置适当的参数，此时可见图像色调发生变化，效果如图 9-208 所示。在"HDR 色调"对话框中可以使用预设选项，也可以自行设定参数，如图 9-209 所示。

图9-207

图9-208

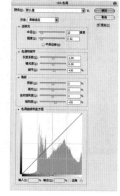

图9-209

- 预设：在下拉列表中可以选择预设的 HDR 效果，既有黑白效果，也有彩色效果。
- 方法：选择调整图像采用何种 HDR 方法。
- 边缘光：该选项组用于调整图像边缘光的强度。
- 色调和细节：调节该选项组中的选项可以使图像的色调和细节更加丰富细腻。
- 高级：在该选项组中可以控制画面整体阴影、高光以及饱和度。
- 色调曲线和直方图：该选项组的使用方法与"曲线"命令的使用方法相同。

视频陪练——使用"HDR 色调"命令模拟强烈对比的 HDR 效果

实例文件	视频陪练——使用"HDR色调"命令模拟强烈对比的HDR效果.psd
视频教学	视频陪练——使用"HDR色调"命令模拟强烈对比的HDR效果.flv
难易指数	★★★★★
技术要点	"HDR色调"命令

扫码看视频

实例效果

　　本例主要是利用"曲线""色相 / 饱和度""可选颜色"以及"替换颜色"工具制作对比强烈的 HDR 效果，原图和效果图分别如图 9-210 和图 9-211 所示。

图9-210

图9-211

视频陪练——打造奇幻外景青色调

实例文件	视频陪练——打造奇幻外景青色调.psd
视频教学	视频陪练——打造奇幻外景青色调.flv
难易指数	★★★★★
技术要点	"色相/饱和度""可选颜色"与"曲线"命令

扫码看视频

实例效果

本例对比效果如图 9-212 和图 9-213 所示。

图9-212

图9-213

Chapter 10
第10章

图层的操作

相对于传统绘画的"单一平面操作"模式而言，以 Photoshop 为代表的"多图层"模式数字制图则大大增强了图像编辑的扩展空间。在使用 Photoshop 制图时，有了"图层"这一功能，不仅能够更加快捷地达到目的，更能够制作出意想不到的效果。在 Photoshop 中，图层是图像处理时必备的承载元素。通过图层的堆叠与混合可以制作出多种多样的效果，用图层来实现效果是一种直观而简便的方法。

本章学习要点：
- 掌握各种图层的基本操作方法
- 掌握图层样式的使用方法
- 掌握图层混合模式的使用方法

相对于传统绘画的"单一平面操作"模式而言，以 Photoshop 为代表的"多图层"模式数字制图则大大增强了图像编辑的扩展空间。在使用 Photoshop 制图时，有了"图层"这一功能，不仅能够更加快捷地达到目的，更能够制作出意想不到的效果。在 Photoshop 中，图层是图像处理时必备的承载元素。通过图层的堆叠与混合可以制作出多种多样的效果，如图 10-1～图 10-3 所示。用图层来实现效果是一种直观而简便的方法。

图 10-1　　　　　　图 10-2　　　　　　图 10-3

10.1.1　图层的原理

图层的原理非常简单，就像分别在多个透明的玻璃上绘画一样，在"玻璃 1"上绘画不会影响其他玻璃上的图像；移动"玻璃 2"的位置时，那么"玻璃 2"上的对象也会跟着移动；将"玻璃 3"放在"玻璃 2"上，那么"玻璃 2"上的对象将被"玻璃 3"覆盖；将所有玻璃叠放在一起，则显现出图像的最终效果，如图 10-4 所示。

使用图层的优势在于每个图层中的对象都可以单独进行处理，既可以移动图层，也可以调整图层堆叠的顺序，而不会影响其他图层中的内容，如图 10-5 所示。

图 10-4

 技巧提示

在编辑图层之前，首先需要在"图层"面板中单击该图层，将其选中，所选图层将成为当前图层。绘画以及色调调整只能在一个图层中进行，而移动、对齐、变换或应用"样式"面板中的样式等可以一次性处理所选的多个图层。

调整图层堆叠顺序　编辑某一图层　移动图层位置　调整图层不透明度

图 10-5

10.1.2　认识"图层"面板

"图层"面板是用于创建、编辑和管理图层以及图层样式的一种直观的"控制器"。在"图层"面板中，图层名称的左侧是图层的缩览图，它显示了图层中包含的图像内容，而缩览图中的棋盘格代表图像的透明区域，如图 10-6 所示。

- 锁定透明像素▧：将编辑范围限制为只针对图层的不透明部分。
- 锁定图像像素✎：防止使用绘画工具修改图层的像素。
- 锁定位置✛：防止图层的像素被移动。
- 锁定全部🔒：锁定透明像素、图像像素和位置，处于这种状态下的图层将不能进行任何操作。

 技巧提示

注意，对于文字图层和形状图层，"锁定透明像素"按钮▧和"锁定图像像素"按钮✎在默认情况下处于激活状态，而且不能更改，只有将图像栅格化以后才能解锁透明像素和图像像素。

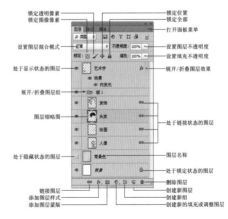

锁定透明像素　　　　　锁定位置
锁定图像像素　　　　　锁定全部
　　　　　　　　　　　打开面板菜单
设置图层混合模式　　　设置图层不透明度
　　　　　　　　　　　设置填充不透明度
处于显示状态的图层　　展开/折叠图层效果
展开/折叠图层组
图层缩略图　　　　　　处于链接状态的图层
处于隐藏状态的图层　　图层名称
　　　　　　　　　　　处于锁定状态的图层
链接图层　　　　　　　删除图层
添加图层样式　　　　　创建新图层
添加图层蒙版　　　　　创建新组
　　　　　　　　　　　创建新的填充或调整图层

图 10-6

- 设置图层混合模式：用来设置当前图层的混合模式，使之与下面的图像产生混合。
- 设置图层不透明度：用来设置当前图层的不透明度。
- 设置填充不透明度：用来设置当前图层的填充不透明度。该选项与"不透明度"选项类似，但是不会影响图层样式效果。
- 处于显示/隐藏状态的图层 👁 / ▨：当图层前图标为 👁 时表示当前图层处于可见状态；而为 ▨ 时则处于不可见状态。单击该图标可以在显示与隐藏之间进行切换。
- 展开/折叠图层组 ▼：单击该按钮可以展开或折叠图层组。
- 展开/折叠图层效果 ▼：单击该按钮可以展开或折叠图层效果，以显示当前图层添加的所有效果的名称。
- 图层缩略图：显示图层中所包含的图像内容。其中棋盘格区域表示图像的透明区域，非棋盘格区域表示像素区域（即具有图像的区域）。
- 链接图层 🔗：用来链接当前选择的多个图层。
- 处于链接状态的图层 🔗：当链接好两个或两个以上的图层以后，图层名称的右侧就会显示出链接标志。

技巧提示

被链接的图层可以在选中其中某一图层的情况下进行共同移动或变换等操作。

- 添加图层样式 *fx*：单击该按钮，在弹出的菜单中选择一种样式，可以为当前图层添加一个图层样式。
- 添加图层蒙版 ▣：单击该按钮，可以为当前图层添加一个蒙版。

技巧提示

在没有选区的状态下单击该"添加图层蒙版"按钮，可为图层添加空白蒙版；在有选区的情况下单击此按钮，则选区内的部分在蒙版中显示为白色，选区以外的区域显示为黑色。

- 创建新的填充或调整图层 ◑：单击该按钮，在弹出的菜单中选择相应的命令即可创建填充图层或调整图层。

- 创建新组 ▢：单击该按钮，可以新建一个图层组，也可以使用快捷键 Ctrl+G 创建新组。

技巧提示

如果需要为所选图层创建一个图层组，可以将选中的图层拖曳到"创建新组"按钮 ▢ 上。

- 创建新图层 ▢：单击该按钮，可以新建一个图层，也可以使用快捷键 Ctrl+Shift+N 创建新图层。

技巧提示

将选中的图层拖曳到"创建新图层"按钮 ▢ 上，可以为当前所选图层创建出相应的副本图层。

- 删除图层 🗑：单击该按钮，可以删除当前选择的图层或图层组。也可以直接在选中图层或图层组的状态下按 Delete 键进行删除。
- 处于锁定状态的图层 🔒：当图层缩略图右侧显示该按钮时，表示该图层处于锁定状态。
- 打开面板菜单 ▤：单击该按钮，可以打开"图层"面板的面板菜单。

10.2 新建图层/图层组

新建图层/图层组的方法有很多种，可以执行"图层"菜单中的命令，也可以使用"图层"面板中的按钮，或者使用快捷键。当然，也可以通过复制已有的图层来创建新的图层，还可以将图像中的局部创建为新的图层，或者可以通过相应的命令来创建不同类型的图层。

单击"创建新图层"按钮左侧的"创建新组"按钮 ▣，创建新的图层组。然后将已有图层选中并拖曳至该组中即可。

在"图层"面板底部单击"创建新图层"按钮 ▢，即可在当前图层的上一层新建一个图层，如图 10-7 所示。

如果要在当前图层的下一层新建一个图层，可以按住 Ctrl 键单击"创建新图层"按钮 ▢，如图 10-8 所示。

图10-7

图10-8

Photoshop CS6 中文版基础培训教程

10.3 编辑图层

图层是 Photoshop 的核心之一，因为它具有很强的可编辑性，如选择图层、复制图层、删除图层、显示与隐藏图层以及栅格化图层内容等，本节将对图层编辑进行详细讲解。

10.3.1 选择/取消选择图层

如果要对文档中的某个图层进行操作，就必须先选中该图层。在 Photoshop 中，可以选择单个图层，也可以选择连续或非连续的多个图层，如图 10-9～图 10-12 所示。在选择多个图层时，可以对多个图层进行删除、复制、移动、变换等，但是很多类似于绘画以及调色等操作是不能够进行的。

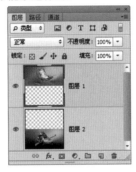

图10-9　　　　　　　图10-10　　　　　　　　　图10-11　　　　　　　　图10-12

10.3.2 在"图层"面板中选择一个图层

在"图层"面板中单击该图层，即可将其选中，如图 10-13 所示。

 技巧提示

选择一个图层后，按 Alt+] 快捷键可以将当前图层切换为与之相邻的上一个图层；按 Alt+[快捷键可以将当前图层切换为与之相邻的下一个图层。

图10-13

10.3.3 在"图层"面板中选择多个连续图层

如果要选择多个连续的图层，可以先选择位于连续图层顶端的图层，然后按住 Shift 键单击位于连续图层底端的图层，即可选择这些连续的图层。当然，也可以先选择位于连续图层底端的图层，然后按住 Shift 键单击位于连续图层顶端的图层，如图 10-14 和图 10-15 所示。

10.3.4 在"图层"面板中选择多个非连续图层

如果要选择多个非连续的图层，可以先选择其中一个图层，然后按住 Ctrl 键单击其他图层的名称，如图 10-16 和图 10-17 所示。

图10-14　　　　　　　　图10-15　　　　　　　　图10-16　　　　　　　　图10-17

10.3.5 选择所有图层

如果要选择所有图层，可以
执行"选择 > 所有图层"命令或
按 Alt+Ctrl+A 组合键。使用该命
令只能选择"背景"图层以外的
图层，如果要选择包含"背景"
图层在内的所有图层，可以按住
Ctrl 键单击"背景"图层的名称，
如图 10-18 所示。

图10-18

10.3.6 在画布中快速选择某一图层

当画布中包含很多相互重叠的图层，难以在"图层"面
板中进行辨别时，可以在使用"移动工具"状态下右击目标
图像的位置，在显示出的当前重叠图层列表中选择需要的图
层，如图 10-19 所示。

图10-19

10.3.7 取消选择图层

如果不想选择任何图层，可以执行"选择 > 取消选择图
层"命令。另外，也可以在"图层"面板最下面的空白处单
击，即可取消选择所有图层，如图 10-20 和图 10-21 所示。

图10-20　　　　　　　　图10-21

10.3.8 复制图层

选择需要进行复制的图层，然后直接按 Ctrl+J 快捷键即
可复制出所选图层，如图 10-22 和图 10-23 所示。

图10-22　　　　　　　　图10-23

10.3.9 在不同文档中复制图层

（1）使用"移动工具"可以将需要复制的图像拖曳到目
标文档中，如图 10-24 和图 10-25 所示。注意，如果需要进行
复制的文档的图像大小与目标文档的图像大小相同，按住 Shift
键使用"移动工具"将图像拖曳到目标文档时，源图像与复制
的图像会被放在同一位置；如果图像大小不同，按住 Shift 键拖
曳到目标文档时，图像将被放在画布的正中间。

图10-24　　　　　　　　图10-25

（2）选择需要复制的图层 / 图层组，然后执行"图层 > 复
制图层"或"图层 > 复制组"命令，打开"复制图层"或"复
制组"对话框，接着选择好目标文档即可，如图 10-26 所示。

图10-26

（3）使用选框工具选择需要进行复制的图像，然后执行"编辑 > 拷贝"命令或按 Ctrl+C 快捷键，接着切换到目标文档，最后按 Ctrl+V 快捷键即可，如图 10-27 和图 10-28 所示。注意，该方法只能复制图像，不能复制图层的属性，如图层的混合模式。

图10-27　　　　　　　　图10-28

10.3.10　删除图层

如果要快速删除图层，可以将其拖曳到"删除图层"按钮上，也可以直接按 Delete 键，如图 10-29 所示。

图10-29

执行"图层 > 删除 > 隐藏图层"命令，可以删除所有隐藏的图层。

10.3.11　将"背景"图层转换为普通图层

在 Photoshop 中打开一张图片时，"图层"面板中通常只有一个"背景"图层，并且该图层处于锁定状态。因此，如果要对"背景"图层进行操作，就需要将其转换为普通图层。

按住 Alt 键的同时双击"背景"图层的缩略图，"背景"图层将直接转换为普通图层，如图 10-30 和图 10-31 所示。

图10-30　　　　　　　　图10-31

10.3.12　将普通图层转换为"背景"图层

选择普通图层，执行"图层 > 新建 > 图层背景"菜单命令，可以将普通图层转换为"背景"图层。

技巧提示

在将普通图层转换为"背景"图层时，图层中的任何透明像素都会被转换为背景色，并且该图层将放置到图层堆栈的最底部。

10.3.13　显示与隐藏图层/图层组

图层缩略图左侧的图标可用来控制图层的可见性。 图标出现时，该图层可见，如图 10-32 和图 10-33 所示； 图标出现时，该图层为隐藏，如图 10-34 和图 10-35 所示。单击图标，可以在图层的显示与隐藏之间进行切换。

图10-32　　　　　　　　图10-33

图10-34　　　　　　　　图10-35

10.3.14　链接图层与取消链接

在进行编辑的过程中，经常需要对某几个图层同时进行移动、应用变换或创建剪贴蒙版等操作（如 Logo 的文字和图形部分，包装盒的正面和侧面部分等）。如果每次操作都必须选中这些图层将会很麻烦，取而代之的是可以将这些图层"链接"在一起，如图 10-36 和图 10-37 所示。

图10-36　　　　　　　　图10-37

（1）选择需要进行链接的图层（两个或多个图层），如图 10-38 所示。然后执行"图层 > 链接图层"命令或单击图层面板底部的"链接图层"按钮 🔗，可以将这些图层链接起来，如图 10-39 所示。

图10-38　　　　　　　图10-39

（2）如果要取消某一图层的链接，可以选择其中一个链接图层，然后单击"链接图层"按钮 🔗。

（3）若要取消全部链接图层，需要选中全部链接图层并单击"链接图层"按钮 🔗。

10.3.15　修改图层的名称与颜色

（1）在图层较多的文档中，修改图层名称及其颜色有助于快速找到相应的图层。执行"图层 > 重命名图层"命令，或在图层名称上双击，激活名称文本框，然后输入名称，也可以修改图层名称，如图 10-40 所示。

图10-40

（2）更改图层颜色也是一种便于快速找到图层的方法，在图层上右击，在弹出的快捷菜单的下半部分可以看到多种颜色名称，单击其中一种即可更改当前图层前方的色块效果，选择"无颜色"即可去除颜色效果，如图 10-41 所示。

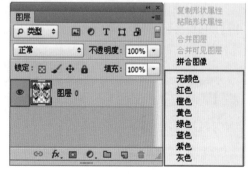

图10-41

10.3.16　锁定图层

在"图层"面板的上半部分有多个锁定按钮，锁定按钮主要用来保护图层的透明区域、图像像素和位置，使用这些按钮可以根据需要完全锁定或部分锁定图层，以免因操作失误而对图层的内容造成破坏，如图 10-42 所示。

图10-42

（1）单击"锁定透明像素"按钮 🔲，激活该按钮后，可以将编辑范围限定在图层的不透明区域，图层的透明区域会受到保护。如图 10-43 和图 10-44 所示，锁定了图层的透明像素，使用"画笔工具"在图像上进行涂抹，只能在含有图像的区域进行绘画。

图10-43　　　　　　　图10-44

（2）单击"锁定图像像素"按钮 🖌，只能对图层进行移动或变换操作，不能在图层上绘画、擦除或应用滤镜。

（3）单击"锁定位置"按钮 ✛，图层将不能移动。该功能对于设置了精确位置的图像非常有用。

（4）单击"锁定全部"按钮 🔒，图层将不能进行任何操作。

10.3.17　锁定图层组内的图层

在"图层"面板中选择图层组，然后执行"图层 > 锁定组内的所有图层"命令，打开"锁定组内的所有图层"对话框，在该对话框中可以选择需要锁定的属性。

10.3.18　解除图层的锁定状态

当需要对锁定的图层进行编辑时，首先需要将图层的锁定状态去除，也就是解锁。在"图层"面板中选中锁定的图层，然后再次单击使用的锁定按钮，使按钮弹起后即可解除对相应属性的锁定。

10.3.19　栅格化图层内容

文字图层、3D图层、形状图层、矢量蒙版图层或智能对象等包含矢量数据的图层是不能够直接进行编辑的，所以需要先将其栅格化以后才能进行相应的编辑。选择需要栅格化的图层，在"图层"面板中选中该图层并右击执行栅格化命令即可，如图10-45所示。

图 10-45

10.4　排列与分布图层

在"图层"面板中排列着很多图层，排列位置靠上的图层优先显示，而排列位置靠下的图层则可能被遮盖住，所以在操作的过程中经常需要调整"图层"面板中图层的顺序以配合操作需要，如图10-46～图10-49所示。

图10-46

图10-47

图10-48　　　　　　图10-49

如果将图层排列的调整看作是"纵向调整"，那么图层的对齐与分布则可以看作是"横向调整"，如图10-50所示。

图10-50

10.4.1　在"图层"面板中调整图层的排列顺序

在一个包含多个图层的文档中，可以通过改变图层在堆栈中所处的位置来改变图像的显示状况。如果要改变图层的排列顺序，可以将该图层拖曳到另外一个图层的上面或下面，如图10-51～图10-54所示。

图10-51

图10-52

图10-53

图10-54

10.4.2 使用"排列"命令调整图层的排列顺序

选择一个图层，然后执行"图层 > 排列"菜单下的子命令，可以调整图层的排列顺序，如图 10-55 所示。

图10-55

10.4.3 对齐图层

在"图层"面板中选择多个图层，然后执行"图层 > 对齐"菜单下的子命令，可以将多个图层进行对齐，如图 10-56 和图 10-57 所示。

图10-56　　　　　　　图10-57

例如，在"图层"面板中选中需要对齐的图层，然后执行"图层 > 对齐 > 顶边"命令，如图 10-58 所示，可以将选定图层上的顶端像素与所有选定图层上最顶端的像素进行对齐，如图 10-59 所示。

图10-58　　　　　　　图10-59

10.4.4 分布图层

当一个文档中包含多个图层（至少为 3 个图层，且"背景"图层除外）时，执行"图层 > 分布"菜单下的子命令可将这些图层按照一定的规律均匀分布，如图 10-60 所示。

在使用"移动工具"状态下，选项栏中有一排分布按钮分别与"图层 > 分布"菜单下的子命令相对应，如图 10-61 所示。

图10-60　　　　　　　图10-61

在"图层"面板中按住 Ctrl 键依次单击加选需要对齐的图层，如图 10-62 所示。接着执行"图层 > 分布 > 水平居中"命令，此时可以观察 4 张照片间距都相同，如图 10-63 所示。

图10-62　　　　　　　图10-63

接着执行"图层 > 对齐 > 顶边"命令，可以将 4 张照片排列为顶对齐，效果如图 10-64 所示。

图10-64

10.5 使用图层组管理图层

在进行一些比较复杂的合成时，图层的数量往往会越来越多，要在如此之多的图层中找到需要的图层，将会是一件非常麻烦的事情。但是将这些图层"分门别类"地放在不同的图层组中进行管理就会更加有条理，寻找起来也更加方便快捷。

10.5.1 将图层移入或移出图层组

（1）选择一个或多个图层，然后将其拖曳到图层组内，就可以将其移入该组中，如图 10-65 和图 10-66 所示。

（2）将图层组中的图层拖曳到组外，就可以将其从图层组中移出，如图 10-67 和图 10-68 所示。

Photoshop CS6 中文版基础培训教程

图10-65

图10-66

图10-67

图10-68

10.5.2 取消图层编组

在图层组名称上右击，然后在弹出的快捷菜单中选择"取消图层编组"命令即可。

10.6 合并与盖印图层

在编辑过程中经常需要将几个图层进行合并编辑或将文件进行整合以减少内存的浪费。这时就需要使用到合并与盖印图层命令。

10.6.1 合并图层

如果要将多个图层合并为一个图层，可以在"图层"面板中选择要合并的图层，如图10-69所示，然后执行"图层 > 合并图层"命令或按 Ctrl+E 快捷键，合并以后的图层使用上面图层的名称，如图10-70所示。

图10-69

图10-70

10.6.2 向下合并图层

执行"图层 > 向下合并"命令或按 Ctrl+E 快捷键，可将一个图层与它下面的图层合并，如图10-71所示。合并以后的图层使用下面图层的名称，如图10-72所示。

图10-71

图10-72

10.6.3 合并可见图层

执行"图层 > 合并可见图层"命令或按 Ctrl+Shift+E 组合键，可以合并"图层"面板中的所有可见图层。

10.6.4 拼合图像

执行"图层 > 拼合图像"命令可以将所有图层都拼合到"背景"图层中。如果有隐藏的图层，则会弹出一个提示对话框，提醒用户是否要扔掉隐藏的图层，如图10-73所示。

图10-73

10.6.5 盖印图层

盖印是一种合并图层的特殊方法，可以将多个图层的内容合并到一个新的图层中，同时保持其他图层不变。

（1）向下盖印图层：选择一个图层，然后按 Ctrl+Alt+E 组合键，可以将该图层中的图像盖印到下面的图层中，原始图层的内容保持不变。

（2）盖印多个图层：选择多个图层并使用盖印图层组合键 Ctrl+Alt+E，可以将这些图层中的图像盖印到一个新的图层中，原始图层的内容保持不变。

（3）盖印可见图层：按 Ctrl+Shift+Alt+E 组合键，可以将所有可见图层盖印到一个新的图层中。

（4）盖印图层组：选择图层组，然后使用组合键 Ctrl+Alt+E，可以将组中所有图层内容盖印到一个新的图层中，原始图层组中的内容保持不变。

10.7 图层不透明度

"图层"面板中有专门针对图层的不透明度与填充进行调整的选项，两者在一定程度上来讲都是针对透明度进行调整，数值为100%时为完全不透明，数值为50%时为半透明，数值为0时为完全透明，如图10-74所示。

数值为100%时为完全不透明　　　　　　数值为50%时为半透明　　　　　　数值为0时为完全透明

图10-74

10.7.1 调整图层不透明度

"不透明度"选项控制着整个图层的透明属性，包括图层中的形状、像素以及图层样式。

（1）以图10-75为例。文档中包含一个"背景"与一个"图层1"图层，"图层1"图层包含"投影"样式与"描边"样式。此时该图层的"不透明度"为100%，如图10-76所示。

（2）如果将"不透明度"调整为50%，可以观察到文字部分变为半透明效果，如图10-77和图10-78所示。

图10-75　　　　　　　图10-76　　　　　　　图10-77　　　　　　　图10-78

10.7.2 调整图层填充透明度

"填充"选项只影响图层中绘制的像素和形状的不透明度。

与"不透明度"选项不同，将"填充"调整为50%，可以观察到文字部分变为半透明效果，而投影和描边效果则没有发生任何变化，如图10-79～图10-82所示。

图10-79　　　　　　　图10-80　　　　　　　图10-81　　　　　　　图10-82

所谓图层混合模式是指一个图层与其下图层的色彩叠加方式，通常情况下新建图层的混合模式为正常，除了正常以外，还有很多种混合模式，它们都可以产生风格迥异的合成效果。图层的混合模式是 Photoshop 的一项非常重要的功能，它不仅仅存在于"图层"面板中，甚至决定了当前图像的像素与下面图像的像素的混合方式，可以用来创建各种特效，并且不会损坏原始图像的任何内容。在绘画工具和修饰工具的选项栏，以及"渐隐""填充""描边"命令和"图层样式"对话框中都包含"混合模式"选项。如图 10-83～图 10-85 所示为一些使用到混合模式制作的作品。

图 10-83　　　　图 10-84　　　　图 10-85

在"图层"面板中选择一个图层，单击面板顶部的下拉按钮 ，在弹出的下拉列表中可以选择一种混合模式。图层的混合模式分为 6 组，共 27 种，如图 10-86 所示。

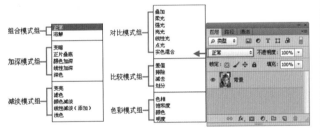

图 10-86

组合模式组：该组中的混合模式需要降低图层的"不透明度"或"填充"数值才能起作用，这两个参数的数值越小，就越能看到下面的图像。

加深模式组：该组中的混合模式可以使图像变暗。在混合过程中，当前图层的白色像素会被下层较暗的像素替代。

减淡模式组：该组与加深模式组产生的混合效果完全相反，它们可以使图像变亮。在混合过程中，图像中的黑色像素会被较亮的像素替换，而任何比黑色亮的像素都可能提亮下层图像。

对比模式组：该组中的混合模式可以加强图像的差异。在混合时，50% 的灰色会完全消失，任何亮度值大于

50% 灰色的像素都可能提亮下层的图像，亮度值小于 50% 灰色的像素则可能使下层图像变暗。

比较模式组：该组中的混合模式可以比较当前图像与下层图像，将相同的区域显示为黑色，不同的区域显示为灰色或彩色。如果当前图层中包含白色，那么白色区域会使下层图像反相，而黑色不会对下层图像产生影响。

色彩模式组：使用该组中的混合模式时，Photoshop 会将色彩分为色相、饱和度和亮度 3 种成分，然后将其中的一种或两种应用在混合后的图像中。

扫码学知识

详解各种混合模式

练习实例——使用混合模式制作手掌怪兽

实例文件	练习实例——使用混合模式制作手掌怪兽 .psd
视频教学	练习实例——使用混合模式制作手掌怪兽 .flv
难易指数	★★★★★
技术要点	混合模式、图层蒙版

扫码看视频

实例效果

本例效果如图 10-87 所示。

步骤 01 打开背景素材文件，如图 10-88 所示。置入底纹素材文件，将其栅格化。然后设置图层的混合模式为"柔光"，调整"不透明度"为 69%，如图 10-89 所示。

图 10-87　　　　　　　图 10-88

操作步骤

步骤 02 置入手素材文件，调整好手的大小和位置，放在画布居中的位置，并将其执行栅格化命令，如图 10-90 所示。

步骤 03 新建图层"花纹"，在画面中绘制一个矩形选区，设置前景色为蓝紫色，选择一个圆形硬角画笔，在选区中绘制蓝色斑纹，如图 10-91 所示。

步骤 04 载入手图层选区，如图 10-92 所示。回到"花纹"图层上，为其添加一个图层蒙版，使手选区以外的部分被隐藏，并设置图层混合模式为"色相"。此时手上出现花纹效

果，如图 10-93 所示。

步骤 05 继续新建图层"花纹副本"，在下半部分绘制矩形选区，设置前景色为蓝色（R：52，G：222，B：242），并进行填充，如图 10-94 所示。然后载入"花纹"选区，回到"花纹副本"图层上按 Delete 键删除多余部分，如图 10-95 所示。

步骤 06 同样载入手的选区，为"花纹副本"图层添加一个图层蒙版。设置"花纹副本"图层的混合模式为"正片叠底"，如图 10-96 所示。

步骤 07 置入嘴素材，摆放在手心处，最终效果如图 10-97 所示。

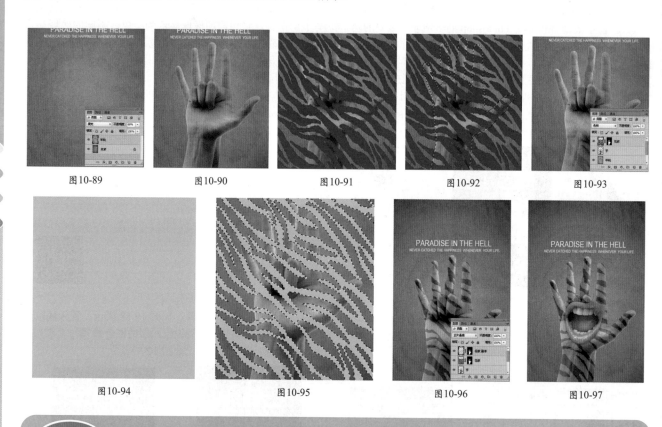

图 10-89　　　　　图 10-90　　　　　图 10-91　　　　　图 10-92　　　　　图 10-93

图 10-94　　　　　　　　图 10-95　　　　　　　　图 10-96　　　　　　　图 10-97

10.9　使用图层样式

图层样式和效果的出现，是 Photoshop 一个划时代的进步。在 Photoshop 中，图层样式几乎是制作质感、效果的"绝对利器"。Photoshop 中的图层样式以其使用简单、修改方便的特性广受用户的青睐，尤其是涉及创意文字或是 Logo 设计时，图层样式更是必不可少的工具。

10.9.1　添加图层样式

如果要为一个图层添加图层样式，可以执行"图层 > 图层样式"菜单下的子命令，此时将弹出"图层样式"对话框，调整好相应的设置即可，如图 10-98 和图 10-99 所示。或在"图层"面板中单击"添加图层样式"按钮 *fx*，在弹出的菜单中选择一种样式即可打开"图层样式"对话框，如图 10-100 所示。

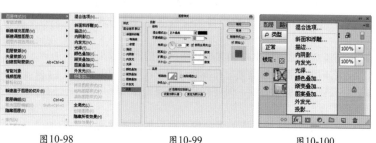

图 10-98　　　　　　　　图 10-99　　　　　　　　图 10-100

10.9.2 熟悉"图层样式"对话框

"图层样式"对话框的左侧列出了 10 种样式。样式名称前面的复选框内有 ☑ 标记，表示在图层中添加了该样式，如图 10-101 所示。

单击一个样式的名称，可以选中该样式，同时切换到该样式的设置面板，如图 10-102 所示。

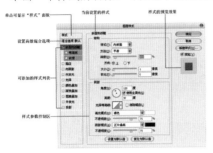

图10-101

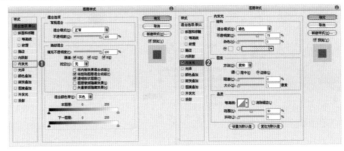

图10-102

 技巧提示

注意，如果单击样式名称前面的复选框，则可以应用该样式，但不会显示样式设置面板。

在"图层样式"对话框中设置好样式参数以后，单击"确定"按钮即可为图层添加样式，添加了样式的图层右侧会出现 fx 图标，如图 10-103 所示。

图10-103

10.9.3 显示与隐藏图层样式

如果要隐藏一个样式，可以在"图层"面板中单击该样式前面的眼睛图标 ◉，如图 10-104～图 10-107 所示。

图10-104

图10-105

图10-106　　　　　　图10-107

如果要隐藏某个图层中的所有样式，可以单击"效果"前面的眼睛图标 ◉，如图 10-108 和图 10-109 所示。

图10-108　　　　　　图10-109

答疑解惑——怎样隐藏所有图层中的图层样式？

如果要隐藏整个文档中所有图层的图层样式，可以执行"图层>图层样式>隐藏所有效果"命令。

10.9.4 修改图层样式

再次对图层执行"图层>图层样式"命令或在"图层"

面板中双击该样式的名称，可弹出"图层样式"对话框，进行参数的修改即可，如图 10-110 和图 10-111 所示。

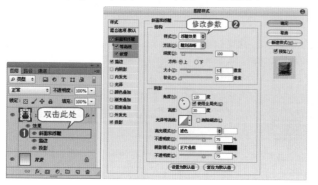

图 10-110　　　　　　　　图 10-111

10.9.5　复制/粘贴图层样式

当文档中有多个需要使用同样样式的图层时，可以进行图层样式的复制。选择该图层，然后执行"图层 > 图层样式 > 拷贝图层样式"命令，或者在图层名称上右击，在弹出的快捷菜单中选择"拷贝图层样式"命令，接着选择目标图层，再执行"图层 > 图层样式 > 粘贴图层样式"命令，或者在目标图层的名称上右击，在弹出的快捷菜单中选择"粘贴图层样式"命令，如图 10-112 所示。

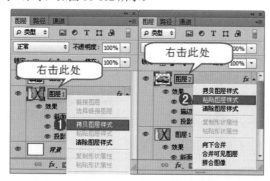

图 10-112

技巧提示

按住 Alt 键的同时将"效果"拖曳到目标图层上，可以复制/粘贴所有样式，如图 10-113 所示。

按住 Alt 键的同时将单个样式拖曳到目标图层上，可以复制/粘贴该样式，如图 10-114 所示。

图 10-113　　　　　　　　图 10-114

需要注意的是，如果没有按住 Alt 键，则是将样式移动到目标图层中，原始图层不再有样式。

10.9.6　清除/栅格化图层样式

将某一样式拖曳到"删除图层"按钮 🗑 上，就可以删除该图层样式，如图 10-115 所示。

执行"图层 > 栅格化 > 图层样式"命令，即可将当前图层的图层样式栅格化到当前图层中，栅格化的样式部分可以像普通图层的其他部分一样进行编辑处理，但是不再具有可以调整图层参数的功能，如图 10-116 所示。

图 10-115　　　　　　　　图 10-116

10.10　图层样式详解

在 Photoshop 中包含 10 种图层样式，如图 10-117 和图 10-118 所示分别为未添加图层样式及添加斜面和浮雕、描边、内阴影、内发光、光泽、颜色叠加、渐变叠加、图案叠加、外发光与投影样式的效果，从每种图层样式的名称上就能够了解，这些图层样式基本包括"阴影""发光""凸起""光泽""叠加""描边"等几种属性。当然，除了以上属性，多种图层样式共同使用还可以制作出更加丰富的奇特效果。

未添加图层样式　　　斜面和浮雕　描边　内阴影　内发光　光泽
颜色叠加　渐变叠加　图案叠加　外发光　投影

图 10-117　　　　　　　　图 10-118

10.10.1 详解"斜面和浮雕"样式

"斜面和浮雕"样式可以为图层添加高光与阴影，使图像产生立体的浮雕效果，常用于立体文字的模拟。如图 10-119 和图 10-120 所示分别为原始图像与添加了"斜面和浮雕"样式以后的图像效果。如图 10-121 所示为其参数设置。

图10-119

图10-120

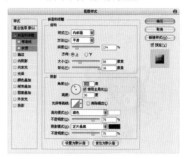

图10-121

1. 设置斜面和浮雕

- 样式：选择斜面和浮雕的样式。选择"外斜面"，可以在图层内容的外侧边缘创建斜面；选择"内斜面"，可以在图层内容的内侧边缘创建斜面；选择"浮雕效果"，可以使图层内容相对于下一个图层产生浮雕状的效果；选择"枕状浮雕"，可以模拟图层内容的边缘嵌入下一个图层中产生的效果；选择"描边浮雕"，可以将浮雕应用于图层的"描边"样式的边界（注意，如果图层没有"描边"样式，则不会产生效果）。
- 方法：用来选择创建浮雕的方法。选择"平滑"，可以得到比较柔和的边缘，如图 10-122 所示；选择"雕刻清晰"，可以得到最精确的浮雕边缘，如图 10-123 所示；选择"雕刻柔和"，可以得到中等水平的浮雕效果，如图 10-124 所示。
- 深度：用来设置浮雕斜面的应用深度，该值越大，浮雕的立体感越强，如图 10-125 和图 10-126 所示。

图10-122

图10-123

图10-124

图10-125

图10-126

- 方向：用来设置高光和阴影的位置，该选项与光源的角度有关。
- 大小：表示斜面和浮雕的阴影面积的大小。
- 软化：用来设置斜面和浮雕的平滑程度，如图 10-127 和图 10-128 所示。
- 角度 / 高度："角度"选项用来设置光源的发光角度；"高度"选项用来设置光源的高度，如图 10-129 和图 10-130 所示。
- 使用全局光：如果选中该复选框，那么所有浮雕样式的光照角度都将保持在同一个方向。
- 光泽等高线：选择不同的等高线样式，可以为斜面和浮雕的表面添加不同的光泽质感，也可以自己编辑等高线样式，如图 10-131 和图 10-132 所示。

图10-127

图10-128

图10-129

图10-130

图10-131

图10-132

- 消除锯齿：当设置了光泽等高线时，斜面边缘可能会产生锯齿，选中该复选框可以消除锯齿。
- 高光模式 / 不透明度：这两个选项用来设置高光的混合模式和不透明度，后面的色块用于设置高光的颜色。
- 阴影模式 / 不透明度：这两个选项用来设置阴影的混合模式和不透明度，后面的色块用于设置阴影的颜色。

2. 设置等高线

选择"斜面和浮雕"样式下面的"等高线"选项，可切换到"等高线"设置面板。使用"等高线"可以在浮雕中创建凹凸起伏的效果。

3. 设置纹理

选择"等高线"选项下面的"纹理"选项，可切换到"纹理"设置面板，如图10-133～图10-135所示。

图10-133

图10-134

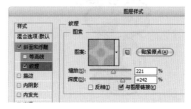

图10-135

- 图案：单击"图案"选项右侧的▸图标，可以在弹出的"图案"拾色器中选择一个图案，并将其应用到斜面和浮雕上。
- 从当前图案创建新的预设▥：单击该按钮，可以将当前设置的图案创建为一个新的预设图案，同时新图案会保存在"图案"拾色器中。
- 贴紧原点：将原点对齐图层或文档的左上角。
- 缩放：用来设置图案的大小。
- 深度：用来设置图案纹理的使用程度。
- 反相：选中该复选框以后，可以反转图案纹理的凹凸方向。
- 与图层链接：选中该复选框以后，可以将图案和图层链接在一起，这样在对图层进行变换等操作时，图案也会跟着一同变换。

10.10.2 详解"描边"样式

"描边"样式可以使用颜色、渐变以及图案来描绘图像的轮廓边缘，打开一张背景图片，并置入青蛙图片，如图10-136所示。在图层面板中选中青蛙图层，并单击"图层"面板中的"添加图层样式"按钮，在弹出的"图层样式"对话框中单击"描边"样式，并在描边复选框中设置适当的参数，如图10-137所示。设置的填充类型不同，其外观样式也有所不同，效果如图10-138所示。

图10-136

图10-137

图10-138

实例效果

本例效果如图10-139所示。

图10-139

10.10.3 详解"内阴影"样式

"内阴影"样式可以在紧靠图层内容的边缘内添加阴影，使图层内容产生凹陷效果，制作一个彩色背景图形，并置入青蛙图片，如图10-140所示。在"图层"面板中选中青蛙图层，并单击"图层"面板中的"添加图层样式"按钮，在弹出的"图层样式"对话框中单击"内阴影"样式，并在内阴影复选框中设置适当的参数，效果如图10-141所示。"内阴影"参数面板如图10-142所示。

⊙ **混合模式**：用来设置内阴影与图层的混合方式，默认设置为"正片叠底"模式。

⊙ **阴影颜色**：单击"混合模式"选项右侧的颜色块，可以设置内阴影的颜色。

⊙ **不透明度**：设置内阴影的不透明度。数值越小，内阴影越淡。

⊙ **角度**：用来设置内阴影应用于图层时的光照角度，指针方向为光源方向，相反方向为投影方向。

图10-140　　　　图10-141　　　　图10-142

⊙ **使用全局光**：当选中该复选框时，可以保持所有光照的角度一致；取消选中该复选框时，可以为不同的图层分别设置光照角度。

⊙ **距离**：用来设置内阴影偏移图层内容的距离。

⊙ **大小**：用来设置投影的模糊范围，该值越大，模糊范围越广，反之内阴影越清晰。

⊙ **阻塞**：用来设置内阴影的扩展范围，注意，该值会受到"大小"选项的影响。

⊙ **等高线**：通过调整曲线的形状来控制内阴影的形状，可以手动调整曲线形状，也可以选择内置的等高线预设。

⊙ **消除锯齿**：混合等高线边缘的像素，使投影更加平滑。该选项对于尺寸较小且具有复杂等高线的内阴影比较实用。

⊙ **杂色**：用来在投影中添加杂色的颗粒感效果，数值越大，颗粒感越强。

视频陪练——使用"内阴影"样式模拟石壁刻字

实例文件	视频陪练——使用"内阴影"样式模拟石壁刻字.psd
视频教学	视频陪练——使用"内阴影"样式模拟石壁刻字.flv
难易指数	★★★★★
技术要点	"内阴影"样式

扫码看视频

实例效果

本例对比效果如图10-143和图10-144所示。

图10-143　　　　　图10-144

10.10.4 详解"内发光"样式

"内发光"样式可以沿图层内容的边缘向内创建发光效果。打开一张背景图片，并置入小熊图片，如图10-145所示。在"图层"面板中选中小熊图层，并单击"图层"面板中的"添加图层样式"按钮，在弹出的"图层样式"对话框中单击"内发光"样式，并在内发光复选框中设置适当的参数，效果如图10-146所示。"内发光"参数面板如图10-147所示。"内发光"参数中除了"源"和"阻塞"外，其他选项都与"外发光"样式相同。"源"选项用来控制光源的位置；"阻塞"选项用来在模糊之前收缩内发光的杂边界。

  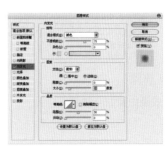

图10-145　　　　　　图10-146　　　　　　图10-147

实例文件	视频陪练——使用"内发光"样式制作水晶字 .psd
视频教学	视频陪练——使用"内发光"样式制作水晶字 .flv
难易指数	★★★★★
技术要点	"内发光"样式

扫码看视频

实例效果

本例效果如图 10-148 所示。

图10-148

10.10.5 详解"光泽"样式

"光泽"样式可以为图像添加光滑的具有光泽的内部阴影，通常用来制作具有光泽质感的按钮和金属，如图 10-149～图 10-151 所示分别为原始图像、添加"光泽"样式以后的图像效果及"光泽"参数面板。

图10-149　　　　　　图10-150　　　　　　图10-151

知识说明

"光泽"样式的参数没有特别的选项，这里就不再重复讲解。

10.10.6 详解"颜色叠加"样式

"颜色叠加"样式可以在图像上叠加设置的颜色，并且可以通过模式的修改调整图像与颜色的混合效果，如图 10-152～图 10-154 所示分别为原始图像、添加"颜色叠加"样式以后的图像效果与"颜色叠加"参数面板。

图10-152　　　　　　图10-153　　　　　　图10-154

实例文件	视频陪练——使用图层样式制作立体字母 .psd
视频教学	视频陪练——使用图层样式制作立体字母 .flv
难易指数	★★★★★
技术要点	多种图层样式的使用

扫码看视频

实例效果

本例效果如图 10-155 所示。

图10-155

10.10.7 详解"渐变叠加"样式

"渐变叠加"样式可以在图层上叠加指定的渐变色，不仅能够制作带有多种颜色的对象，更能够通过巧妙的渐变颜色设置制作凸起、凹陷等三维效果以及带有反光的质感效果。如图 10-156～图 10-158 所示分别为原始图像、添加"渐变叠加"样式以后的图像效果及"渐变叠加"参数面板。

图10-156

图10-157

图10-158

10.10.8 详解"图案叠加"样式

"图案叠加"样式可以在图像上叠加图案，与"颜色叠加""渐变叠加"相同，也可以通过混合模式的设置使叠加的图案与原图像进行混合。如图 10-159～图 10-161 所示分别为原始图像、添加"图案叠加"样式以后的图像效果及"图案叠加"参数面板。

图10-159

图10-160

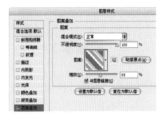
图10-161

练习实例——添加图层样式制作钻石效果

实例文件	练习实例——添加图层样式制作钻石效果 .psd
视频教学	练习实例——添加图层样式制作钻石效果 .flv
难易指数	★★★★★
技术要点	"图案叠加"样式、"描边"样式的使用

扫码看视频

实例效果

本例效果如图 10-162 所示。

操作步骤

步骤 01 打开素材文件中的背景素材，如图 10-163 所示。

步骤 02 使用"横排文字工具"，输入文字 Adobe，然后将图层的混合模式设置为"正片叠底"，如图 10-164 所示。

图10-162

步骤 03 执行"图层 > 图层样式 > 投影"命令，设置"混合模式"为"正片叠底"，颜色为灰色，"不透明度"为 100%，"角度"为 120 度，"距离"为 3 像素，"大小"为 2 像素，如图 10-165 所示。效果如图 10-166 所示。

图10-163

图10-164

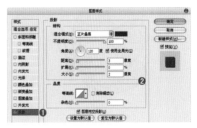
图10-165

步骤 04 选中"斜面和浮雕"样式,"样式"为"内斜面","深度"为 1%,"方向"为"上","角度"为 90 度,"高度"为 30 度,高光的"不透明度"为 75%,阴影的"不透明度"为 40%,如图 10-167 所示。效果如图 10-168 所示。

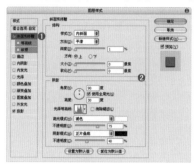

图10-166   图10-167   图10-168

步骤 05 选中"图案叠加"样式,设置"图案"为砖石(单击下拉按钮选择图案),"缩放"为 8%,如图 10-169 所示。效果如图 10-170 所示。

图10-169   图10-170

步骤 06 最后选中"描边"样式,设置"大小"为 3 像素,"位置"为"外部","填充类型"为"渐变","渐变"为灰白色渐变,"样式"为"线性","角度"为 90 度,"缩放"为 142%,如图 10-171 所示。最终效果如图 10-172 所示。

图10-171   图10-172

10.10.9 详解"外发光"样式

    "外发光"样式可以沿图层内容的边缘向外创建发光效果,可用于制作自发光效果以及人像或其他对象的梦幻般的光晕效果。新建一个空白文档,并置入蝴蝶素材,如图 10-173 所示。在"图层"面板中选中蝴蝶图层,并单击"图层"面板中的"添加图层样式"按钮,在弹出的"图层样式"对话框中单击"外发光"样式,并在外发光复选框中设置适当的参数,效果如图 10-174 所示。"外发光"参数面板如图 10-175 所示。

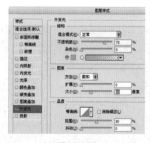

图10-173   图10-174   图10-175

⊕ **混合模式 / 不透明度**："混合模式"选项用来设置发光效果与下面图层的混合方式；"不透明度"选项用来设置发光效果的不透明度，如图10-176和图10-177所示。

⊕ **杂色**：在发光效果中添加随机的杂色效果，使光晕产生颗粒感，如图10-178和图10-179所示。

⊕ **发光颜色**：单击"杂色"选项下面的颜色块，可以设置发光颜色，如图10-180所示；单击颜色块后面的渐变条，可以在"渐变编辑器"对话框中选择或编辑渐变色，如图10-181所示。

⊕ **方法**：用来设置发光的方式。选择"柔和"选项，发光效果比较柔和，如图10-182所示；选择"精确"选项，可以得到精确的发光边缘，如图10-183所示。

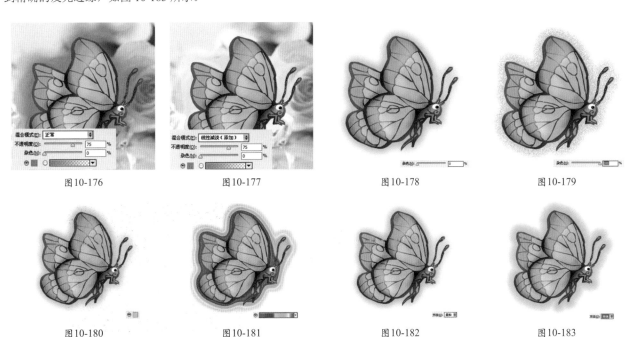

| 图10-176 | 图10-177 | 图10-178 | 图10-179 |

图10-180 　　　 图10-181 　　　 图10-182 　　　 图10-183

⊕ **扩展 / 大小**："扩展"选项用来设置发光范围的大小；"大小"选项用来设置光晕范围的大小。

视频陪练——制作娱乐包装风格艺术字

实例文件	视频陪练——制作娱乐包装风格艺术字 .psd
视频教学	视频陪练——制作娱乐包装风格艺术字 .flv
难易指数	★★★★★
技术要点	文字工具、图层样式

扫码看视频

图10-184

实例效果

本例效果如图10-184所示。

10.10.10 使用"投影"样式

使用"投影"样式可以为图层模拟出向后的投影效果，可增强某部分的层次感以及立体感，常用于平面设计中需要突显的文字中。如图10-185～图10-187所示分别为添加投影样式前后的对比效果以及"投影样式"参数面板。

图10-185

图10-186

图10-187

- "混合模式"选项中可以更改投影与下面图层的混合方式,默认设置为"正片叠底"模式。
- 单击"混合模式"选项右侧的颜色块,可以设置阴影的颜色。
- 修改"不透明度"数值可以设置投影的不透明度。数值越小,投影越淡。
- 修改"角度"数值可以调整投影应用于图层时的光照角度,指针方向为光源方向,相反方向为投影方向。
- 选中"使用全局光"复选框,可以保持所有光照的角度一致;取消选中该复选框,可以为不同的图层分别设置光照角度。
- 修改"距离"数值可以调整投影偏移图层内容的距离。
- "大小"选项用来设置投影的模糊范围,该值越大,模糊范围越广;反之投影越清晰。
- 修改"扩展"数值可以调整投影的扩展范围。注意,该值会受到"大小"选项的影响。
- "等高线"是通过调整曲线的形状来控制投影的形状,可以手动调整曲线形状,也可以选择内置的等高线预设。
- "消除锯齿"选项用于混合等高线边缘的像素,使投影更加平滑,该选项对于尺寸较小且具有复杂等高线的投影比较实用。
- "杂色"选项用来在投影中添加杂色的颗粒感效果,数值越大,颗粒感越强。
- "图层挖空投影"选项用来控制半透明图层中投影的可见性。选中该复选框,如果当前图层的"填充"数值小于100%,则半透明图层中的投影不可见。

视频陪练——烟雾特效人像合成

实例文件	视频陪练——烟雾特效人像合成 .psd
视频教学	视频陪练——烟雾特效人像合成 .flv
难易指数	★★★★★
技术要点	魔棒工具、自然饱和度、色阶、曲线、可选颜色、去色

扫码看视频

实例效果

本例效果如图 10-188 所示。

图10-188

Photoshop CS6 中文版基础培训教程

Chapter 11
第11章

蒙版

　　蒙版在摄影中是指用于控制照片不同区域曝光的传统暗房技术。在 Photoshop 中，蒙版则是用于合成图像的必备利器，它可以遮盖住部分图像，使其免受操作的影响。这种不必删除的编辑方式是　种非常方便的非破坏性编辑方式。使用蒙版编辑图像，不仅可以避免因为使用橡皮擦或裁剪、删除等操作造成的失误，还可以对蒙版应用一些滤镜，以得到一些意想不到的效果。

本章学习要点：
- 掌握剪贴蒙版的使用方法
- 掌握图层蒙版的使用方法

11.1.1 什么是剪贴蒙版

剪贴蒙板由两部分组成：基底图层和内容图层，如图 11-1 所示。基底图层是位于剪贴蒙版最底端的一个图层，内容图层则可以有多个。其原理是通过使用处于下方图层的形状来限制上方图层的显示状态，也就是说，基底图层用于限定最终图像的形状，而内容图层则用于限定最终图像显示的颜色图案，如图 11-2 所示。

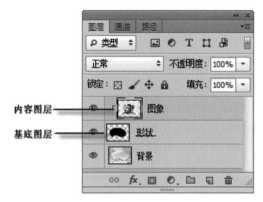

内容图层 ——
基底图层 ——

图11-1

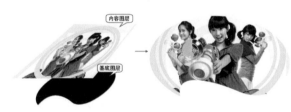

图11-2

● 基底图层：基底图层只有一个，它决定了位于其上面的图像的显示范围。如果对基底图层进行移动、变换等操作，那么上面的图像也会随之受到影响，如图 11-3 所示。

图11-3

● 内容图层：内容图层可以有一个或多个。对内容图层的操作不会影响基底图层，但是对其进行移动、变换等操作时，其显示范围也会随之而改变。需要注意的是，剪贴蒙版虽然可以应用在多个图层中，但是这些图层不能是隔开的，必须是相邻的图层，如图 11-4 所示。

图11-4

 技巧提示

剪贴蒙版的内容图层不仅可以是普通的像素图层，还可以是调整图层、形状图层、填充图层等。使用调整图层作为剪贴蒙版中的内容图层是很常见的，主要可以用于对某一图层进行调整而不影响其他图层。

11.1.2 创建剪贴蒙版

打开一个包含 3 个图层的文档，如图 11-5 和图 11-6 所示。

图11-5　　　　　　　图11-6

首先把"形状"图层放在"人像"图层下面，然后在"人像"图层的名称上右击，在弹出的快捷菜单中选择"创建剪贴蒙版"命令，如图 11-7 所示，即可将"人像"图层和"形状"图层创建为一个剪贴蒙版，如图 11-8 所示。

图11-7　　　　　　　图11-8

11.1.3　释放剪贴蒙版

在"人像"图层的名称上右击，然后在弹出的快捷菜单中选择"释放剪贴蒙版"命令，如图11-9所示。

图11-9

11.1.4　调整内容图层顺序

与调整普通图层顺序相同，按住鼠标左键并拖动即可调整内容图层的顺序，如图11-10所示。需要注意的是，一旦移动到基底图层的下方就相当于释放剪贴蒙版，如图11-11所示。

图11-10　　　　　　　　图11-11

11.1.5　编辑内容图层

当对内容图层的"不透明度"和"混合模式"进行调整时，只有与基底图层的混合效果发生变化，不会影响剪贴蒙版中的其他图层。

（1）打开已经制作完成的剪贴蒙版，如图11-12所示。

图11-12

（2）打开"人像"图层"混合模式"的下拉列表，选择"明度"，如图11-13所示。此时对内容图层进行了改变，但不会影响剪贴蒙版中的其他图层，而只与基底图层混合，如图11-14所示。

图11-13　　　　　　　　图11-14

 技巧提示

注意，剪贴蒙版虽然可以存在多个内容图层，但是这些图层不能是隔开的，必须是相邻的图层。

11.1.6　编辑基底图层

当对基底图层的"不透明度"和"混合模式"调整时，整个剪贴蒙版中的所有图层都会以设置的"不透明度"数值以及"混合模式"进行混合。

（1）打开已经制作完成的剪贴蒙版，如图11-15所示。

图11-15

（2）打开"形状"图层"混合模式"的下拉列表，选择"线性光"，设置"不透明度"为90%，如图11-16所示。此时对基底图层进行了改变，整个剪贴蒙版中的所有图层都会以设置的"不透明度"数值以及"混合模式"进行混合，如图11-17所示。

图11-16　　　　　　　　图11-17

11.1.7　加入剪贴蒙版

在已有剪贴蒙版的情况下，将一个图层拖动到基底图层上方，如图11-18所示。即可将其加入剪贴蒙版组中作为新的内容图层，如图11-19所示。

图11-18

图11-19

蒙版组，如图 11-20 和图 11-21 所示。

图11-20

图11-21

11.1.8　移出剪贴蒙版

将内容图层移到基底图层的下方就相当于将其移出剪贴

视频陪练——使用剪贴蒙版制作撕纸人像

实例文件	视频陪练——使用剪贴蒙版制作撕纸人像.psd
视频教学	视频陪练——使用剪贴蒙版制作撕纸人像.flv
难易指数	★★★★★
技术要点	剪贴蒙版　图层蒙版

扫码看视频

实例效果

本例对比效果如图 11-22 和图 11-23 所示。

图11-22

图11-23

11.2　图层蒙版

11.2.1　图层蒙版的工作原理

图层蒙版与矢量蒙版相似，都属于非破坏性编辑工具。但是图层蒙版是位图工具，通过使用"画笔工具""填充"命令等处理蒙版的黑白关系，从而控制图像的显示与隐藏。在创建调整图层、填充图层以及为智能对象添加智能滤镜时，Photoshop 会自动为图层添加一个图层蒙版，可以在图层蒙版中对调色范围、填充范围及滤镜应用区域进行调整。在 Photoshop 中，图层蒙版遵循"黑透明、白不透明"的工作原理。

（1）打开一个包含两个图层的文档，其中"图层 1"有一个图层蒙版，并且图层蒙版为白色。按照图层蒙版"黑透明、白不透明"的工作原理，此时文档窗口中将完全显示"图层 1"的内容，如图 11-24 和图 11-25 所示。

（2）如果要全部显示"背景"图层的内容，可以选择"图层 1"的蒙版，然后用黑色填充蒙版，如图 11-26 和图 11-27 所示。

图11-24

图11-25

图11-26

图11-27

（3）如果要以半透明方式来显示当前图像，可以用灰色填充"图层 1"的蒙版，如图 11-28 和图 11-29 所示。

图 11-28

图 11-29

（4）除了可以在图层蒙版中填充颜色以外，还可以在图层蒙版中填充灰度渐变，如图 11-30 和图 11-31 所示。

图 11-30

图 11-31

（5）或者使用不同的"画笔工具"来编辑蒙版，如图 11-32 和图 11-33 所示。

图 11-32

图 11-33

（6）还可以在图层蒙版中应用各种滤镜，如图 11-34 和图 11-35 所示分别为应用"纤维"滤镜以后的蒙版状态与图像效果。

图 11-34

图 11-35

11.2.2　创建图层蒙版

选择要添加图层蒙版的图层，然后在"图层"面板中单击"添加图层蒙版"按钮，可以为当前图层添加一个图层蒙版，如图 11-36 所示。

图 11-36

11.2.3　从选区生成图层蒙版

（1）如果当前图像中存在选区，如图 11-37 所示，单击"图层"面板中的"添加图层蒙版"按钮，可以基于当前选区为图层添加图层蒙版，选区以外的图像将被蒙版隐藏，如图 11-38 和图 11-39 所示。

（2）创建选区蒙版后，可以在"属性"面板中调整"浓度"和"羽化"数值，如图 11-40 所示，可以制作出朦胧的效果，如图 11-41 所示。

图 11-37

图 11-38

图 11-39

图 11-40

图 11-41

11.2.4　应用图层蒙版

应用图层蒙版是指图像中对应蒙版中的黑色区域将被删除，白色区域保留下来，而灰色区域呈透明效果，并且删除图层蒙版。

（1）在图层蒙版缩略图上右击，在弹出的快捷菜单中选择"应用图层蒙版"命令，可以将蒙版应用在当前图层中，如图 11-42 所示。

（2）应用图层蒙版后，蒙版效果将会应用到图像上，如图 11-43 所示。也就是说，蒙版中的黑色区域将被删除，白色区域将被保留下来，而灰色区域将呈透明效果，如图 11-44 所示。

图 11-42

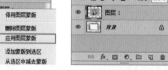
图 11-43

图 11-44

练习实例——使用图层蒙版制作梨子公主

实例文件	练习实例——使用图层蒙版制作梨子公主.psd
视频教学	练习实例——使用图层蒙版制作梨子公主.flv
难易指数	★★★★★
技术要点	图层蒙版的使用

扫码看视频

实例效果

本例效果如图 11-45 所示。

图 11-45

操作步骤

步骤 01 新建空白文件，设置前景色为淡绿色，使用快捷键 Alt+Delete 将背景填充为淡绿色，如图 11-46 所示。

步骤 02 置入本书配套资源中的梨素材文件，调整大小并摆放到合适的位置，同时将其栅格化。单击工具箱中的"魔棒工具"按钮，在选项栏中单击"添加到选区"按钮，设置"容差"为 35，在图像中的背景部分多次单击，选中背景部分，右击并执行"选择反向"命令，得到梨子部分的选区，如图 11-47 所示。

步骤 03 单击"图层"面板中的"添加图层蒙版"按钮，如图 11-48 所示，为梨添加图层蒙版，去掉背景部分，如图 11-49 所示。

图 11-46

图 11-47

图 11-48

图 11-49

步骤 04 置入本书配套资源中的人像素材文件，并将其栅格化。本实例中将要使用到人像素材中的粉色头发部分。单击工具箱中的"钢笔工具"按钮，绘制出头发的闭合路径，右击并执行"建立选区"命令，如图 11-50 所示。

步骤 05 回到"图层"面板中，单击"添加图层蒙版"按钮，如图 11-51 所示。此时背景部分被隐藏，并将素材摆放在相应位置，如图 11-52 所示。

步骤 06 下面需要对粉色的头发部分进行变形。在人像素材图层蒙版上右击，执行"应用蒙版"命令。然后使用自由变换快捷键 Ctrl+T，右击并执行"变形"命令，如图 11-53 所示。适当调整头发的形状，如图 11-54 所示。

图 11-50

图 11-51

图 11-52

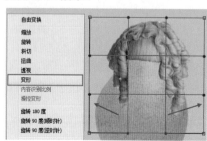
图 11-53

步骤07 新建图层"阴影",载入头发部分的选区,填充黑色,并向下适当移动,执行"滤镜 > 模糊 > 高斯模糊"命令,将阴影部分适当虚化,在"图层"面板中设置其"不透明度"为35%,如图11-55所示。

步骤08 继续置入束身衣素材,放在梨子上。并将其栅格化。单击"钢笔工具"按钮,绘制出需要保留区域的路径,右击并执行"建立选区"操作,如图11-56所示。效果如图11-57所示。

图11-54

图11-55

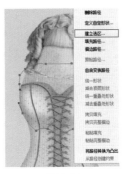

图11-56

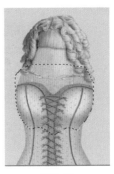

图11-57

步骤09 单击"图层"面板中的"添加图层蒙版"按钮,隐藏多余部分,如图11-58所示。将图层"束身衣"放在图层"头发"下方,效果如图11-59所示。

步骤10 复制除背景外的其他图层,并合并图层,同时将其命名为"倒影",使用自由变换快捷键Ctrl+T调整形状,右击并执行"垂直翻转"命令,摆放在底部,如图11-60所示。

步骤11 为"倒影"图层添加图层蒙版,单击"渐变工具"按钮,在选项栏中设置一种由黑到白的线性渐变,自下而上拖曳填充,使投影出现渐变的半透明效果,如图11-61所示。

图11-58

图11-59

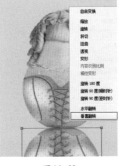

图11-60

图11-61

步骤12 置入头饰及文字素材,最终效果如图11-62所示。

图11-62

11.2.5　停用图层蒙版

执行"图层 > 图层蒙版 > 停用"命令,或在图层蒙版缩略图上右击,然后在弹出的快捷菜单中选择"停用图层蒙版"命令,如图11-63所示。停用蒙版后,在"属性"面板的缩览图和"图层"面板中的蒙版缩略图中都会出现一个红色的交叉线(×),如图11-64所示。效果如图11-65所示。

图11-63

图11-64

图11-65

11.2.6 启用图层蒙版

在停用图层蒙版后，如果要重新启用图层蒙版，可以直接在蒙版缩略图上单击，即可重新启用图层蒙版，如图 11-66 所示。

图 11-66

11.2.7 删除图层蒙版

在蒙版缩略图上右击，然后在弹出的快捷菜单中选择"删除图层蒙版"命令，可以删除图层蒙版，如图 11-67 所示。

图 11-67

11.2.8 转移图层蒙版

单击选中要转移的图层蒙版缩略图并将蒙版拖曳到其他图层上，如图 11-68 所示，即可将该图层的蒙版转移到其他图层上，如图 11-69 所示。

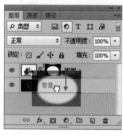 

图 11-68　　　　　　　　图 11-69

11.2.9 替换图层蒙版

如果要用一个图层的蒙版替换另外一个图层的蒙版，可以将该图层的蒙版缩略图拖曳到另外一个图层的蒙版缩略图上，然后在弹出的对话框中单击"是"按钮。替换图层蒙版后，"图层 1"的蒙版将被删除，同时"背景"图层的蒙版被换成"图层 1"的蒙版，如图 11-70 所示，效果如

图 11-71 所示。

图 11-70　　　　　　　　图 11-71

11.2.10 复制图层蒙版

如果要将一个图层的蒙版复制到另外一个图层上，可以按住 Alt 键将蒙版缩略图拖曳到另外一个图层上，如图 11-72 所示。效果如图 11-73 所示。

图 11-72　　　　　　　　图 11-73

11.2.11 蒙版与选区的运算

在图层蒙版缩略图上右击，如图 11-74 所示，在弹出的快捷菜单中可以看到 3 个关于蒙版与选区运算的命令，如图 11-75 所示。

图 11-74　　　　　　　　图 11-75

（1）如果当前图像中没有选区，右击并执行"添加蒙版到选区"命令，可以载入图层蒙版的选区，按住 Ctrl 键单击蒙版的缩略图，也可以载入蒙版的选区，如图 11-76 和图 11-77 所示。

图 11-76　　　　　　　　图 11-77

（2）如果当前图像中存在选区，执行"添加蒙版到选区"命令，可以将蒙版的选区添加到当前选区中，如图11-78～图11-80所示。

图11-78　　　　　　　　　　　　　图11-79　　　　　　　　　　　　　图11-80

（3）在图像中存在选区的状态下右击并执行"从选区中减去蒙版"命令，可以从当前选区中减去蒙版的选区，如图11-81～图11-83所示。

图11-81　　　　　　　　　　　　　图11-82　　　　　　　　　　　　　图11-83

（4）在图像中存在选区的状态下，执行"蒙版与选区交叉"命令可以得到当前选区与蒙版选区的交叉区域，如图11-84～图11-86所示。

图11-84　　　　　　　　　　　　　图11-85　　　　　　　　　　　　　图11-86

视频陪练——使用图层蒙版制作迷你城堡

实例文件	视频陪练——使用图层蒙版制作迷你城堡.psd
视频教学	视频陪练——使用图层蒙版制作迷你城堡.flv
难易指数	★★★★★
技术要点	图层蒙版

扫码看视频

实例效果

本例效果如图11-87所示。

图11-87

第12章

通道的应用

通道是用于存储图像颜色信息和选区信息等不同类型信息的灰度图像，一个图像最多可有 56 个通道，所有的新通道都具有与原始图像相同的尺寸和像素数目。在 Photoshop 中包含 3 种类型的通道，分别是颜色通道、Alpha 通道和专色通道。只要是支持图像颜色模式的格式，都可以保留颜色通道。如果要保存 Alpha 通道，可以将文件存储为 PDF、TIFF、PSB 或 RAW 格式；如果要保存专色通道，可以将文件存储为 DCS 2.0 格式。

本章学习要点：

- 掌握通道的基本操作方法
- 掌握通道调色思路与技巧
- 熟练掌握通道抠图法

通道是用于存储图像颜色信息和选区信息等不同类型信息的灰度图像，一个图像最多可有 56 个通道，所有的新通道都具有与原始图像相同的尺寸和像素数目。在 Photoshop 中包含 3 种类型的通道，分别是颜色通道、Alpha 通道和专色通道。只要是支持图像颜色模式的格式，都可以保留颜色通道；如果要保存 Alpha 通道，可以将文件存储为 PDF、TIFF、PSB 或 RAW 格式；如果要保存专色通道，可以将文件存储为 DCS 2.0 格式。

12.1.1 认识颜色通道

颜色通道是将构成整体图像的颜色信息整理并表现为单色图像的工具。根据图像颜色模式的不同，颜色通道的数量也不同。例如，RGB 模式的图像有 RGB、红、绿、蓝 4 个通道，如图 12-1 所示；CMYK 颜色模式的图像有 CMYK、青色、洋红、黄色、黑色 5 个通道，如图 12-2 所示；Lab 颜色模式的图像有 Lab、明度、a、b 4 个通道，如图 12-3 所示；而位图和索引颜色模式的图像只有一个位图通道和一个索引通道，如图 12-4 和图 12-5 所示。

图12-1　　　　　　图12-2　　　　　　图12-3　　　　　　图12-4　　　　　　图12-5

12.1.2 认识Alpha通道

Alpha 通道主要用于选区的存储、编辑与调用。Alpha 通道是一个 8 位的灰度通道，该通道用 256 级灰度来记录图像中的透明度信息，定义透明、不透明和半透明区域。其中黑色处于未选中的状态，白色处于完全选择状态，灰色则表示部分被选择状态（即羽化区域）。使用白色涂抹 Alpha 通道可以扩大选区范围；使用黑色涂抹则收缩选区；使用灰色涂抹可以增加羽化范围，如图 12-6～图 12-8 所示。

图12-6　　　　　　　　　图12-7　　　　　　　　　图12-8

12.1.3 认识专色通道

专色通道主要用来指定用于专色油墨印刷的附加印版。它可以保存专色信息，同时也具有 Alpha 通道的特点。每个专色通道只能存储一种专色信息，而且是以灰度形式来存储的。除了位图模式外，其余所有的色彩模式图像都可以建立专色通道。

12.1.4 详解"通道"面板

打开任意一张图片，如图 12-9 所示。在"通道"面板中能够看到 Photoshop 自动为该图像创建了颜色信息通道。"通道"面板主要用于创建、存储、编辑和管理通道。执行"窗口 > 通道"命令可以打开"通道"面板，如图 12-10 所示。

图12-9

图12-10

- 颜色通道：用来记录图像的颜色信息。
- 复合通道：用来记录图像的所有颜色信息。
- Alpha 通道：用来保存选区和灰度图像的通道。
- 将通道作为选区载入 ：单击该按钮，可以载入所选通道图像的选区。
- 将选区存储为通道 ：如果图像中有选区，单击该按钮，可以将选区中的内容存储到通道中。
- 创建新通道 ：单击该按钮，可以新建一个 Alpha 通道。
- 删除当前通道 ：将通道拖曳到该按钮上，可以删除选择的通道。

12.2 通道的基本操作

在"通道"面板中可以选择某个通道进行单独操作，也可切换某个通道的隐藏和显示，或对其进行复制、删除、分离、合并等操作。

12.2.1 快速选择通道

（1）在"通道"面板中单击即可选中某一通道，在每个通道后面有对应的"Ctrl+ 数字"格式快捷键，如在图 12-11 中，"红"通道后面有 Ctrl+3 快捷键，这就表示按 Ctrl+3 快捷键可以单独选择"红"通道。

（2）在"通道"面板中按住 Shift 键并进行单击可以一次性选择多个颜色通道，或者多个 Alpha 通道和专色通道，如图 12-12 所示。颜色通道不能与另外两种通道共同处于被选状态，如图 12-13 所示。

选中多个专色、Alpha通道

选中多个颜色通道

图12-11　　　　图12-12　　　　图12-13

视频陪练——通道错位制作奇幻海报

实例文件	视频陪练——通道错位制作奇幻海报.psd
视频教学	视频陪练——通道错位制作奇幻海报.flv
难易指数	★★★★★
技术要点	选择通道、移动通道

扫码看视频

实例效果

本例效果如图 12-14 所示。

图12-14

12.2.2 新建Alpha通道

（1）如果要新建 Alpha 通道，可以在"通道"面板中单击"创建新通道"按钮 ，如图 12-15 和图 12-16 所示。

图12-15

图12-16

（2）Alpha 通道可以使用大多数绘制修饰工具进行编辑，也可以使用滤镜等进行编辑，如图 12-17 所示。

使用滤镜编辑Alpha通道 　　使用画笔编辑Alpha通道
图12-17

（3）默认情况下，编辑 Alpha 通道时文档窗口中只显示通道中的图像。为了能够更精确地编辑 Alpha 通道，可以将复合通道显示出来，如图 12-18 所示。在复合通道前单击，使 图标显示出来，此时蒙版的白色区域将变为透明，黑色区域为半透明的红色，类似于快速蒙版的状态，如图 12-19 所示。

图12-18

图12-19

12.2.3 新建和编辑专色通道

专色印刷是指采用黄、品红、青和黑墨四色墨以外的其他色油墨来复制原稿颜色的印刷工艺。包装印刷中经常采用专色印刷工艺印刷大面积底色。

（1）打开用于制作专色通道的图像，如图 12-20 所示。在本例中需要将图像中的白色部分采用专色印刷，所以首先需要进入"通道"面板，选择"红"通道载入选区，如图 12-21 所示。效果如图 12-22 所示。

图12-20　　　　　图12-21　　　　　图12-22

（2）在"通道"面板的菜单中选择"新建专色通道"命令，如图 12-23 所示。在弹出的"新建专色通道"对话框中设置"密度"为 100%，并单击颜色，如图 12-24 所示。在弹出的"拾色器"对话框中单击"颜色库"按钮，如图 12-25 所示。在弹出的"颜色库"对话框中选择一个专色，并单击"确定"按钮，如图 12-26 所示。回到"新建专色通道"对话框中单击"确定"按钮完成操作，如图 12-27 所示。

图12-23　　　　　　　　　图12-24

图12-25　　　　　　　　　图12-26

图12-27

（3）此时在"通道"面板最底部出现新建的专色通道，如图 12-28 所示。并且当前图像中的黑色部分被刚才所选的黄色专色填充，如图 12-29 所示。如果要修改专色设置，可以单击专色通道的缩览图，即可重新打开"新建专色通道"对话框进行修改。

图12-28 　　　　　图12-29

12.2.4 复制通道

想要复制通道，可以在面板菜单中选择"复制通道"命令，即可将当前通道复制出一个副本，如图 12-30 所示；或在通道上右击，然后在弹出的快捷菜单中选择"复制通道"命令，如图 12-31 所示；或者直接将通道拖曳到"创建新通道"按钮上，如图 12-32 所示。

图12-30

图12-31

图12-32

视频陪练——将通道中的内容粘贴到图像中

实例文件	视频陪练——将通道中的内容粘贴到图像中 .psd
视频教学	视频陪练——将通道中的内容粘贴到图像中 .flv
难易指数	★★★★★
技术要点	复制通道内容

扫码看视频

实例效果

本例对比效果如图 12-33 和图 12-34 所示。

图12-33　　　　图12-34

12.2.5 Alpha通道与选区的相互转化

（1）在包含选区的情况下，在"通道"面板下单击"将选区存储为通道"按钮，可以创建一个 Alpha1 通道，同时选区会存储到通道中，如图 12-35 所示。这就是 Alpha 通道存储选区的功能，如图 12-36 所示。

（2）将选区转换为 Alpha 通道后，单独显示 Alpha 通道可以看到一个黑白图像，如图 12-37 所示。这时可以对该黑白图像进行编辑从而达到编辑选区的目的，如图 12-38 所示。

图12-35

图12-36

图12-37

图12-38

（3）在"通道"面板下单击"将通道作为选区载入"按钮，或者按住 Ctrl 键单击 Alpha 通道缩略图（见图 12-39），即可载入之前存储的 Alpha1 通道的选区，如图 12-40 和图 12-41 所示。

图12-39

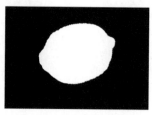
图12-40

图12-41

技巧提示

需要注意的是，如果删除的是红、绿、蓝通道中的一个，那么RGB通道也会被删除，而且画面颜色会发生变化，如图12-42和图12-43所示；如果删除的是RGB通道，那么将删除Alpha通道和专色通道以外的所有通道，如图12-44所示。

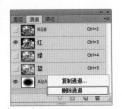
图12-42

图12-43

图12-44

12.2.6　使用通道调整颜色

通道调色是一种高级调色技术，可以对通过一张图像的单个通道应用各种调色命令来达到调整图像中单种色调的目的。打开一张图像，如图12-45所示，下面就用这张图像和"曲线"命令来介绍如何用通道调色。

单独选择"红"通道，按Ctrl+M快捷键打开"曲线"对话框，将曲线向上调节，可以增加图像中的红色数量，如图12-46所示；将曲线向下调节，则可以减少图像中的红色数量，如图12-47所示。

图12-45

图12-46

图12-47

单独选择"绿"通道，将曲线向上调节，可以增加图像中的绿色数量，如图12-48所示；将曲线向下调节，则可以减少图像中的绿色数量，如图12-49所示。

单独选择"蓝"通道，将曲线向上调节，可以增加图像中的蓝色数量，如图12-50所示；将曲线向下调节，则可以减少图像中的蓝色数量，如图12-51所示。

图12-48

图12-49

图12-50

图12-51

视频陪练——使用通道校正偏色图像

实例文件	视频陪练——使用通道校正偏色图像.psd
视频教学	视频陪练——使用通道校正偏色图像.flv
难易指数	★★★★★
技术要点	通道中的曲线调整

扫码看视频

实例效果

本例对比效果如图12-52和图12-53所示。

图12-52　　　　　　　　图12-53

12.2.7 使用通道抠图

通道抠图主要是利用图像的色相差别或明度差别来创建选区，在操作过程中可以多次重复使用"亮度/对比度""曲线""色阶"等调整命令，以及画笔、加深、减淡等工具对通道进行调整，以得到最精确的选区。通道抠图法常用于抠选毛发、云朵、烟雾以及半透明的婚纱等对象，如图12-54所示。

图12-54

练习实例——使用通道抠图为长发美女换背景

实例文件	练习实例——使用通道抠图为长发美女换背景.psd
视频教学	练习实例——使用通道抠图为长发美女换背景.flv
难易指数	★★★★★
技术要点	通道抠图

扫码看视频

实例效果

本例对比效果如图12-55和图12-56所示。

图12-55   图12-56

操作步骤

步骤01 打开本书配套资源中的素材文件，如图12-57所示。

步骤02 按Ctrl+J快捷键复制出两个副本，分别命名为"图层1"和"图层2"。首先选择"图层1"，使用"钢笔工具"勾勒出头发以外的人像轮廓，右击并执行"建立选区"命令，使用反向选择快捷键Ctrl+Shift+I选择出背景部分选区，按Delete键将其删除，人像皮肤被完整地保留下来，如图12-58所示。

步骤03 选择"图层2"，使用"矩形选框工具"绘制出头部的矩形选区。使用反向选择快捷键Ctrl+Shift+I进行反向选择，按Delete键删除多余部分，如图12-59所示。

图12-57   图12-58   图12-59

步骤04 下面针对头发部分进行抠图。隐藏其他图层，只显示出"图层2"，如图12-60所示。

步骤05 进入"通道"面板，可以看出"蓝"通道中头发明度与背景明度差异最大，如图12-61所示。在"蓝"通道上右击，执行"复制通道"命令，此时将会出现一个新的"蓝 副本"通道，如图12-62所示，效果如图12-63所示。

图12-60   图12-61   图12-62   图12-63

步骤06 为了制作出头发部分的选区，需要尽量增大该通道中前景色与背景色的差距，此处首先使用"曲线"命令增强画面对比度，如图12-64所示。然后使用"减淡工具"和"加深工具"涂抹边缘部分，使背景变为全白，头发部分变为纯黑，如图12-65所示。

步骤 07 制作完成，按住 Ctrl 键并单击"蓝"通道副本载入选区，回到"图层"面板后为"图层 2"添加图层蒙版，如图 12-66 所示。此时可以看到虽然人像面部呈现半透明效果，但是头发部分从背景中完美地分离了出来，如图 12-67 所示。

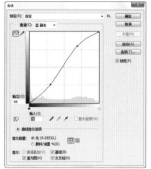

图 12-64

图 12-65

图 12-66

图 12-67

步骤 08 显示出被隐藏的"图层 1"，可以看到整个人像部分被完整地抠出，如图 12-68 所示。

步骤 09 为了便于后期对人像位置进行调整，可以将两个图层合并或者进行链接，如图 12-69 所示。

步骤 10 置入背景素材文件，将其放置在"图层 1"的下一层中，如图 12-70 所示。

图 12-68

图 12-69

图 12-70

视频陪练——使用通道为婚纱照片换背景

实例文件	视频陪练——使用通道为婚纱照片换背景.psd
视频教学	视频陪练——使用通道为婚纱照片换背景.flv
难易指数	★★★★★
技术要点	通道抠图

扫码看视频

实例效果

本例对比效果如图 12-71 和图 12-72 所示。

图 12-71

图 12-72

Chapter 13
└─ 第 13 章 ─┘

滤镜

滤镜本身是一种摄影器材，安装在相机上用于改变光源的色温，使其符合摄影的目的及制作特殊效果的需要。在 Photoshop 中滤镜的功能非常强大，不仅可以制作一些常见的如素描、印象派绘画等特殊艺术效果，还可以创作出绚丽无比的创意图像。

本章学习要点：

- 掌握智能滤镜的使用方法
- 了解常用滤镜的适用范围
- 熟练掌握液化滤镜的使用方法

13.1 初识滤镜

滤镜本身是一种摄影器材，安装在相机上用于改变光源的色温，使其符合摄影的目的及制作特殊效果的需要。在 Photoshop 中滤镜的功能非常强大，不仅可以制作一些常见的例如素描、印象派绘画等特殊艺术效果，还可以创作出绚丽无比的创意图像。如图 13-1 和图 13-2 所示为摄影时安装在相机镜头上的滤镜。

图13-1　　　　　图13-2

Photoshop 中的滤镜可以分特殊滤镜、滤镜组和外挂滤镜。Adobe 公司提供的内置滤镜显示在"滤镜"菜单中。第三方开发商开发的滤镜可以作为增效工具使用，在安装外挂滤镜后，这些增效工具滤镜将出现在"滤镜"菜单的底部。

在"滤镜"菜单中将滤镜分为三大类：特殊滤镜、滤镜组和外挂滤镜。"滤镜库""自适应广角""镜头校正""液化""油画"和"消失点"滤镜属于特殊滤镜；"风格化""模糊""扭曲""锐化""视频""像素化""渲染""杂色"和"其他"[①]属于滤镜组；如果安装了外挂滤镜，在"滤镜"菜单的底部会显示出来，如图 13-3 所示。

利用滤镜制作的作品如图 13-4～图 13-7 所示。

图13-3　　　　　图13-4　　　　　图13-5　　　　　图13-6　　　　　图13-7

13.1.1　认识智能滤镜

应用于智能对象的任何滤镜都是智能滤镜，智能滤镜属于非破坏性滤镜。由于智能滤镜的参数是可以调整的，因此可以调整智能滤镜的作用范围，或将其进行移除、隐藏等操作，如图 13-8 所示。

要使用智能滤镜，首先需要将普通图层转换为智能对象。在普通图层的缩略图上右击，在弹出的快捷菜单中选择"转换为智能对象"命令，即可将普通图层转换为智能对象，如图 13-9 所示。

智能滤镜包含一个类似于图层样式的列表，因此可以隐藏、停用和删除滤镜，如图 13-10 所示。另外，还可以设置智能滤镜与图像的混合模式，双击滤镜名称右侧的 图标，可以在弹出的"混合选项"对话框中调节滤镜的"模式"和"不透明度"，如图 13-11 所示。

图13-8　　　　　　　　图13-9　　　　　　　　图13-10

13.1.2　添加智能滤镜

（1）打开素材文件，复制"背景"图层，在"背景 副本"图层缩略图上右击，选择"转换为智能对象"命令，如图 13-12 所示。将副本图层转换为智能图层，如图 13-13 所示。

---

① Photoshop CS6 中文版菜单中为"其它"。

（2）执行"滤镜>滤镜库"命令，如图 13-14 所示。在弹出的滤镜库面板中选择合适的滤镜，设置"画笔大小"为 5，"锐化程度"为 3，单击"确定"按钮结束操作，如图 13-15 所示。

（3）完成滤镜操作后，在"图层"面板中"背景 副本"图层下双击滤镜库，如图 13-16 所示，即可重新弹出滤镜库面板，可对参数进行调整，如图 13-17 所示。

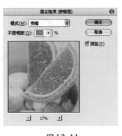

图13-11

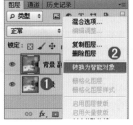

图13-12

图13-13

图13-14

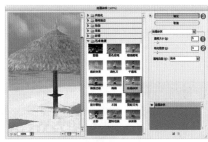

图13-15

图13-16

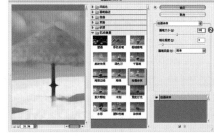

图13-17

（4）在"背景 副本"图层下方单击智能滤镜蒙版，并使用黑色画笔工具在图像中阳伞的位置涂抹，如图 13-18 所示。为其去除滤镜效果，如图 13-19 所示。

图13-18

图13-19

13.2 特殊滤镜

13.2.1 使用"滤镜库"的方法

（1）打开一张素材照片，如图 13-20 所示。对其执行"滤镜>滤镜库"命令。

（2）打开滤镜库，选择合适的滤镜组，然后单击相应的滤镜，在右侧的参数面板处可以调节参数，调整完成后单击"确定"按钮结束操作，如图 13-21 所示。效果如图 13-22 所示。

图13-20

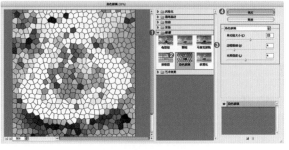

图13-21

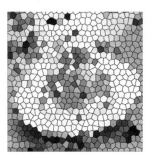

图13-22

13.2.2 详解"自适应广角"滤镜

执行"滤镜 > 自适应广角"命令，可以打开"自适应广角"对话框。"自适应广角"滤镜可以对广角、超广角及鱼眼效果进行变形校正。在"校正"下拉列表中可以选择校正的类型，包含"鱼眼""透视""自动""完整球面"，如图13-23所示。

图13-23

约束工具：单击图像或拖动端点可添加或编辑约束。按住 Shift 键单击可添加水平 / 垂直约束。按住 Alt 键单击可删除约束。

多边形约束工具：单击图像或拖动端点可添加或编辑约束，按住 Shift 键单击可添加水平 / 垂直约束，按住 Alt 键单击可删除约束。

移动工具：拖动以在画布中移动内容。

抓手工具：放大窗口的显示比例后，可以使用该工具移动画面。

缩放工具：单击即可放大窗口的显示比例，按住 Alt 键单击即可缩小显示比例。

13.2.3 详解"镜头校正"滤镜

使用数码相机拍摄照片时经常会出现桶形失真、枕形失真、晕影和色差等问题，"镜头校正"滤镜可以快速修复常见的镜头瑕疵，也可以用来旋转图像或修复由于相机在垂直、水平方向上倾斜而导致的图像透视错误现象（该滤镜只能处理 8 位 / 通道和 16 位 / 通道的图像）。执行"滤镜 > 镜头校正"命令，可以打开"镜头校正"对话框，如图13-24所示。

图13-24

移去扭曲工具：使用该工具可以校正镜头桶形失真或枕形失真。

拉直工具：绘制一条直线，以将图像拉直到新的横轴或纵轴。

移动网格工具：使用该工具可以移动网格，以将其与图像对齐。

抓手工具 / 缩放工具：这两个工具的使用方法与工具箱中的相应工具完全相同。

下面讲解"自定"面板中的参数选项，如图13-25所示。

图13-25

几何扭曲："移去扭曲"选项主要用来校正镜头桶形失真或枕形失真。数值为负值时，图像将向外扭曲，如图13 26所示；数值为正值时，图像将向中心扭曲，如图13-27所示。

图13-26　　　　　　　图13-27

色差：用于校正色边。在进行校正时，放大预览窗口的图像，可以清楚地查看色边校正情况。

晕影：校正由于镜头缺陷或镜头遮光处理不当而导致边缘较暗的图像。"数量"选项用于设置沿图像边缘变亮或变暗的程度，如图13-28和图13-29所示；"中点"选项用来指定受"数量"数值影响的区域的宽度。

图13-28　　　　　　　图13-29

变换："垂直透视"选项用于校正由于相机向上或向下倾斜而导致的图像透视错误，设置"垂直透视"为 -100 时，可以将其变换为俯视效果，设置"垂直透视"

为 100 时，可以将其变换为仰视效果，如图 13-30 所示；"水平透视"选项用于校正图像在水平方向上的透视效果，如图 13-31 所示；"角度"选项用于旋转图像，以针对相机歪斜加以校正，如图 13-32 所示；"比例"选项用来控制镜头校正的比例。

变换为俯视　　　　　　变换为仰视

图 13-30

水平透视为负　　　　　水平透视为正

图 13-31

图 13-32

13.2.4　详解"液化"滤镜

执行"滤镜 > 液化"命令，可以打开"液化"对话框，如图 13-33 所示。"液化"滤镜是修饰图像和创建艺术效果的强大工具，常用于数码照片修饰，如人像身型调整、面部结构调整等。其使用方法比较简单，但功能相当强大，可以创建推、拉、旋转、扭曲和收缩等变形效果，可用来修改图像的任何区域（"液化"滤镜只能应用于 8 位 / 通道或 16 位 / 通道的图像）。

在"液化"滤镜对话框的左侧排列着多种工具，其中包括变形工具、蒙版工具、视图平移缩放工具等。

　向前变形工具：可以向前推动像素，如图 13-34 所示。

　重建工具：用于恢复变形的图像。在变形区域单击或拖曳鼠标进行涂抹时，可以使变形区域的图像恢复到原来的效果，如图 13-35 所示。

图 13-33

图 13-34　　　　　　　图 13-35

　顺时针旋转扭曲工具：拖曳鼠标可以顺时针旋转像素。如果按住 Alt 键进行操作，则可以逆时针旋转像素，如图 13-36 所示。

顺时针旋转图像　　　　逆时针旋转图像

图 13-36

　褶皱工具：可以使像素向画笔区域的中心移动，使图像产生内缩效果，如图 13-37 所示。

　膨胀工具：可以使像素向画笔区域中心以外的方向移动，使图像产生向外膨胀的效果，如图 13-38 所示。

图 13-37　　　　　　　图 13-38

　左推工具：当向上拖曳鼠标时，像素会向左移动；当向下拖曳鼠标时，像素会向右移动；按住 Alt 键向上拖曳鼠标时，像素会向右移动；按住 Alt 键向下拖曳鼠标时，像素会向左移动，如图 13-39 所示。

左推像素　　　　　　右推像素

图13-39

绘制冻结区域　　　　冻结区域不受影响

图13-40

图13-41

冻结蒙版工具 🖌：如果需要对某个区域进行处理，并且不希望操作影响到其他区域，可以使用该工具绘制出冻结区域（该区域将受到保护而不会发生变形）。例如，在图像上绘制出冻结区域，然后使用"向前变形工具" 🖌 处理图像，被冻结起来的像素就不会发生变形，如图 13-40 所示。

解冻蒙版工具 🖌：使用该工具在冻结区域涂抹，可以将其解冻，如图 13-41 所示。

抓手工具 ✋ / 缩放工具 🔍：这两个工具的使用方法与工具箱中的相应工具完全相同。

练习实例——使用"液化"滤镜为美女瘦身

实例文件	练习实例——使用"液化"滤镜为美女瘦身.psd
视频教学	练习实例——使用"液化"滤镜为美女瘦身.flv
难易指数	⭐⭐⭐⭐⭐
技术要点	"液化"滤镜

扫码看视频

图13-42　　　　　　图13-43

实例效果

本例对比效果如图 13-42 和图 13-43 所示。

操作步骤

步骤 01 ▶ 按 Ctrl+O 快捷键，打开素材文件，如图 13-44 所示。

步骤 02 ▶ 在绘制图像的过程中为了不破坏原图像，选择"背景"图层，单击拖曳到"创建新图层"按钮上建立副本，如图 13-45 所示。

步骤 03 ▶ 执行"滤镜>液化"命令，在弹出的对话框中，首先单击左侧的"向前变形工具"按钮 🖌，设置"画笔大小"为 200，"画笔密度"为 80，"画笔压力"为 80，在画面中针对腰身曲线和上臂部分进行涂抹，达到瘦身的目的，如图 13-46 所示。效果如图 13-47 所示。

图13-44　　　　　图13-45　　　　　　图13-46　　　　　　图13-47

步骤 04 ▶ 继续使用"向前变形工具" 🖌，将"画笔大小"设置为 450，从人像手臂两侧的画面边缘部分向中心拖动，使人像整体更加苗条一些，如图 13-48 所示。效果如图 13-49 所示。

步骤 05 由于经过变形后的画面边缘出现弧形效果，所以需要使用"裁剪工具"对画面大小进行调整，如图 13-50 所示。

步骤 06 最终效果如图 13-51 所示。

图13-48

图13-49

图13-50

图13-51

13.2.5 详解"油画"滤镜

使用"油画"滤镜可以为普通照片添加油画效果。"油画"滤镜最大的特点是笔触鲜明，整体感觉厚重，有质感。打开一张素材图片，如图 13-52 所示。执行"滤镜 > 油画"命令，可以打开"油画"对话框，如图 13-53 所示。

图13-52

图13-53

13.2.6 详解"消失点"滤镜

"消失点"滤镜可以在包含透视平面（如建筑物的侧面、墙壁、地面或任何矩形对象）的图像中进行透视校正操作。在修饰、仿制、复制、粘贴或移去图像内容时，Photoshop可以准确确定这些操作的方向。执行"滤镜 > 消失点"命令，可以打开"消失点"对话框，如图 13-54 所示。

图13-54

编辑平面工具：用于选择、编辑、移动平面的节点以及调整平面的大小，如图 13-55 所示是一个创建的透视平面，如图 13-56 所示是使用该工具修改过的透视平面。

图13-55

图13-56

创建平面工具：用于定义透视平面的 4 个角节点，如图 13-57 所示。创建好 4 个角节点以后，可以使用该工具对节点进行移动、缩放等操作。如果按住 Ctrl 键拖曳边节点，可以拉出一个垂直平面，如图 13-58 所示。另外，如果节点的位置不正确，可以按 Backspace 键删除该节点。

定义第2个角节点

定义第4个角节点

图13-57

图13-58

技巧提示

注意，如果要结束对角节点的创建，不能按 Esc 键，否则会直接关闭"消失点"对话框，这样所做的一切操作都将丢失。另外，删除节点也不能按 Delete 键（不起任何作用），只能按 Backspace 键。

选框工具[⊡]：使用该工具可以在创建好的透视平面上绘制选区，以选中平面上的某个区域，如图 13-59 所示。建立选区以后，将光标放置在选区内，按住 Alt 键拖曳选区，可以复制图像，如图 13-60 所示。如果按住 Ctrl 键拖曳选区，则可以用源图像填充该区域。

图章工具[▲]：使用该工具时，按住 Alt 键在透视平面内单击，可以设置取样点，如图 13-61 所示，然后在其他区域拖曳鼠标即可进行仿制操作，仿制图像效果如图 13-62 所示。

图13-59

图13-60

图13-61

图13-62

技巧提示

选择"图章工具"[▲]后，在对话框的顶部可以设置该工具修复图像的模式。如果要绘画的区域不需要与周围的颜色、光照和阴影混合，可以选择"关"选项；如果要绘画的区域需要与周围的光照混合，同时又需要保留样本像素的颜色，可以选择"明亮度"选项；如果要绘画的区域需要保留本像素的纹理，同时又要与周围像素的颜色、光照和阴影混合，可以选择"开"选项。

画笔工具[✐]：该工具主要用来在透视平面上绘制选定的颜色。

变换工具[⊞]：该工具主要用来变换选区，其作用相当于"编辑 > 自由变换"命令，如图 13-63 所示是利用"选框工具"[⊡]复制的图像，如图 13-64 所示是利用"变换工具"[⊞]对选区进行变换以后的效果。

吸管工具[✐]：可以使用该工具在图像上拾取颜色，以用作"画笔工具"[✐]的绘画颜色。

测量工具[▭]：使用该工具可以在透视平面中测量对象的距离和角度。

抓手工具[✋]：在预览窗口中移动图像。

缩放工具[🔍]：在预览窗口中放大或缩小图像的视图。

图13-63

图13-64

13.3 "风格化"滤镜组

13.3.1 "查找边缘"滤镜

使用"查找边缘"滤镜可以自动查找图像像素对比度变换强烈的边界，将高反差区变亮，低反差区变暗，而其他区域则介于两者之间，同时硬边会变成线条，柔边会变粗，从而形成一个清晰的轮廓，选择一张图片，如图 13-65 所示。执行"滤镜 > 风格化 > 查找边缘"命令，此时画面效果如图 13-66 所示。

图13-65

图13-66

视频陪练——使用"查找边缘"滤镜模拟线描效果

实例文件	视频陪练——使用"查找边缘"滤镜模拟线描效果.psd
视频教学	视频陪练——使用"查找边缘"滤镜模拟线描效果.flv
难易指数	★★★★★
技术要点	"查找边缘"滤镜

扫码看视频

实例效果

本例对比效果如图 13-67 和图 13-68 所示。

图13-67

图13-68

13.3.2 "等高线"滤镜

"等高线"滤镜用于查找主要亮度区域，并为每个颜色通道勾勒主要亮度区域，以获得与等高线图中的线条类似的效果。如图 13-69 和图 13-70 所示分别是原始图像、应用"等高线"滤镜的效果以及"等高线"对话框。

原图　　　　　　等高线

图13-69

图13-70

👉 色阶：用来设置区分图像边缘亮度的级别。

👉 边缘：用来设置处理图像边缘的位置，以及便捷的产生方法。选中"较低"单选按钮，可以在基准亮度等级以下的轮廓上生成等高线；选中"较高"单选按钮，可以在基准亮度等级以上生成等高线。

13.3.3 "风"滤镜

"风"滤镜在图像中放置一些细小的水平线条来模拟风吹效果。如图 13-71 所示为原始图像、应用"风"滤镜后的效果以及"风"对话框。

原图　　　　　　　　　　　效果图

图13-71

👉 方法：包括"风""大风"和"飓风"3 种等级，如图 13-72 所示分别是这 3 种等级的效果。

风　　　　　　　　大风　　　　　　　　飓风

图13-72

👉 方向：用来设置风源的方向，包括"从右"和"从左"两种。

Photoshop CS6 中文版基础培训教程

答疑解惑——如何制作垂直效果的"风"?

　　使用"风"滤镜只能制作向右吹或向左吹的风效果。如果要在垂直方向上制作风吹效果,需要先旋转画布,然后再应用"风"滤镜,最后将画布旋转到原始位置即可。

13.3.4 "浮雕效果"滤镜

　　"浮雕效果"滤镜可以通过勾勒图像或选区的轮廓和降低周围颜色值来生成凹陷或凸起的浮雕效果。如图13-73和图13-74所示分别为原始图像、应用"浮雕效果"滤镜以后的效果以及"浮雕效果"对话框。

原图　　　　　　效果图
图13-73

图13-74

　　○ 角度:用于设置浮雕效果的光线方向。光线方向会影响浮雕的凸起位置。
　　○ 高度:用于设置浮雕效果的凸起高度。
　　○ 数量:用于设置"浮雕"滤镜的作用范围。数值越大,边界越清晰(小于40%时,图像会变灰)。

13.3.5 "扩散"滤镜

　　"扩散"滤镜可以通过使图像中相邻的像素按指定的方式有机移动,让图像形成一种类似于透过磨砂玻璃观察物体时的分离模糊效果。如图13-75和图13-76所示分别为原始图像、应用"扩散"滤镜以后的效果以及"扩散"对话框。

原图　　　　　　效果图
图13-75

图13-76

　　○ 正常:使图像的所有区域都进行扩散处理,与图像的颜色值没有任何关系。
　　○ 变暗优先:用较暗的像素替换亮部区域的像素,并且只有暗部像素产生扩散。
　　○ 变亮优先:用较亮的像素替换暗部区域的像素,并且只有亮部像素产生扩散。
　　○ 各向异性:使用图像中较暗和较亮的像素产生扩散效果,即在颜色变化最小的方向上搅乱像素。

13.3.6 "拼贴"滤镜

　　"拼贴"滤镜可以将图像分解为一系列块状,并使其偏离其原来的位置,以产生不规则拼砖的图像效果,如图13-77和图13-78所示分别为原始图像、应用"拼贴"滤镜以后的效果以及"拼贴"对话框。

原图　　　　　　效果图
图13-77

图13-78

拼贴数：用来设置在图像每行和每列中要显示的贴块数。

最大位移：用来设置拼贴偏移原始位置的最大距离。

填充空白区域用：用来设置填充空白区域使用的方法。

13.3.7 "曝光过度"滤镜

"曝光过度"滤镜可以混合负片和正片图像，类似于显影过程中将摄影照片短暂曝光的效果，如图 13-79 所示为原始图像及应用"曝光过度"滤镜以后的效果。

原图　　　　　　　　　效果图

图13-79

13.3.8 "凸出"滤镜

"凸出"滤镜可以将图像分解成一系列大小相同且有机重叠放置的立方体或锥体，以生成特殊的 3D 效果。如图 13-80 和图 13-81 所示分别为原始图像、应用"凸出"滤镜以后的效果以及"凸出"对话框。

原图　　　　　　　　　效果图

图13-80

图13-81

类型：用来设置三维方块的形状，包括"块"和"金字塔"两种，效果如图 13-82 所示。

块　　　　　　　　金字塔

图13-82

大小：用来设置立方体或金字塔底面的大小。

深度：用来设置凸出对象的深度。"随机"选项表示为每个块或金字塔设置一个随机的任意深度；"基于色阶"选项表示使每个对象的深度与其亮度相对应，亮度越亮，图像越凸出。

立方体正面：选中该复选框，将失去图像的整体轮廓，生成的立方体上只显示单一的颜色，如图 13-83 所示。

图13-83

蒙版不完整块：使所有图像都包含在凸出的范围之内。

13.4 "模糊"滤镜组

13.4.1 "场景模糊"滤镜

使用"场景模糊"滤镜可以使画面呈现出不同区域模糊程度不同的效果。执行"滤镜＞模糊＞场景模糊"命令，在画面中单击放置多个"图钉"，选中每个图钉并通过调整模糊数值即可使画面产生渐变的模糊效果。调整完成后，在"模糊效果"面板中还可以针对模糊区域的"光源散景""散景颜色""光照范围"进行调整，如图 13-84 所示。

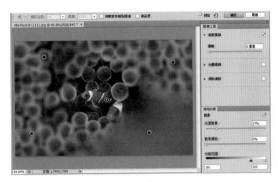

图13-84

图13-85

图13-86

模糊：用于设置模糊强度。

光源散景：用于控制光照亮度，数值越大，高光区域的亮度就越高。

散景颜色：通过调整数值控制散景区域颜色的程度。

光照范围：通过调整滑块，用色阶来控制散景的范围。

13.4.2 "光圈模糊"滤镜

使用"光圈模糊"滤镜可将一个或多个焦点添加到图像中。用户可以根据不同的要求对焦点的大小与形状、图像其余部分的模糊数量以及清晰区域与模糊区域之间的过渡效果进行相应的设置。执行"滤镜 > 模糊 > 光圈模糊"命令，在"模糊工具"面板中可以对光圈模糊的数值进行设置，数值越大，模糊程度越高。在"模糊效果"面板中还可以针对模糊区域的"光源散景""散景颜色""光照范围"进行调整，如图13-85所示。也可以将光标定位到控制框上，调整控制框的大小以及圆度。调整完成后，单击选项栏中的"确定"按钮即可，如图13-86所示。

13.4.3 "倾斜偏移"滤镜

移轴摄影，即移轴镜摄影，泛指利用移轴镜头创作的作品，所拍摄的照片效果就像是缩微模型一样，非常特别，如图13-87和图13-88所示。

对于没有昂贵移轴镜头的摄影爱好者来说，如果要实现移轴效果的照片，可以使用"倾斜偏移"滤镜轻松地模拟"移轴摄影"滤镜。执行"滤镜 > 模糊 > 倾斜偏移"命令，通过调整中心点的位置可以调整清晰区域的位置，调整控制框可以调整清晰区域的大小，如图13-89所示。

模糊：用于设置模糊强度。

扭曲：用于控制模糊扭曲的形状。

对称扭曲：选中该复选框可以从两个方向应用扭曲。

图13-87

图13-88

图13-89

13.4.4 "表面模糊"滤镜

"表面模糊"滤镜可以在保留边缘的同时模糊图像，可以用该滤镜创建特殊效果并消除杂色或粒度。如图13-90和图13-91所示分别为原始图像、应用"表面模糊"滤镜以后的效果以及"表面模糊"对话框。

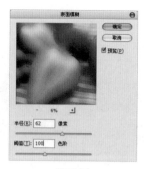

原图 　　　　　　　　　　效果图

图13-90　　　　　　　　　　　　　　　　　　　　　图13-91

    半径：用于设置模糊取样区域的大小。

    值：控制相邻像素色调值与中心像素值相差多大时才能成为模糊的一部分。色调值差小于阈值的像素将被排除在模糊之外。

13.4.5　"动感模糊"滤镜

    "动感模糊"滤镜可以沿指定的方向（-360°～360°），以指定的距离（1～999）进行模糊，所产生的效果类似于在固定的曝光时间拍摄一个高速运动的对象。选择一张图片，执行"滤镜＞模糊＞动感模糊"命令，在弹出的"动感模糊"对话框中设置适当的参数，此时画面效果发生变化。如图13-92和图13-93所示分别为原始图像、应用"动感模糊"滤镜以后的效果以及"动感模糊"对话框。

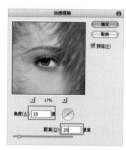

原图 　　　　　　　　　　效果图

图13-92　　　　　　　　　　　　　　　　　　　　图13-93

    角度：用来设置模糊的方向。

    距离：用来设置像素模糊的程度。

视频陪练——使用"动感模糊"滤镜制作极速赛车

实例文件	视频陪练——使用"动感模糊"滤镜制作极速赛车.psd
视频教学	视频陪练——使用"动感模糊"滤镜制作极速赛车.flv
难易指数	★★★★★
技术要点	"动感模糊"滤镜

实例效果

本例对比效果如图13-94和图13-95所示。

图13-94　　　　　　　　　　图13-95

13.4.6 "方框模糊"滤镜

"方框模糊"滤镜可以基于相邻像素的平均颜色值来模糊图像，生成的模糊效果类似于方块模糊。如图 13-96 和图 13-97 所示分别为原始图像、应用"方框模糊"滤镜以后的效果以及"方框模糊"对话框。

原图　　　　　　效果图

图13-96

图13-97

半径：调整用于计算指定像素平均值的区域大小。数值越大，产生的模糊效果越好。

13.4.7 "高斯模糊"滤镜

"高斯模糊"滤镜可以向图像中添加低频细节，使图像产生一种朦胧的模糊效果。选择一张图片，执行"滤镜＞模糊＞高斯模糊"命令，在弹出的"高斯模糊"对话框中设置适当的参数，此时画面效果发生变化。如图 13-98 和图 13-99 所示分别为原始图像、应用"高斯模糊"滤镜以后的效果以及"高斯模糊"对话框。

原图　　　　　　效果图

图13-98

图13-99

半径：调整用于计算指定像素平均值的区域大小。数值越大，产生的模糊效果越好。

视频陪练——使用"高斯模糊"滤镜模拟微距效果

实例文件	视频陪练——使用"高斯模糊"滤镜模拟微距效果.psd
视频教学	视频陪练——使用"高斯模糊"滤镜模拟微距效果.flv
难易指数	★★★★★
技术要点	"高斯模糊"滤镜、历史记录画笔工具

扫码看视频

实例效果

本例对比效果如图 13-100 和图 13-101 所示。

图13-100　　　　　　图13-101

13.4.8 "进一步模糊"滤镜

"进一步模糊"滤镜可以平衡已定义的线条和遮蔽区域的清晰边缘旁边的像素，使变化显得柔和（该滤镜属于轻微模糊滤镜，并且没有参数设置对话框），如图 13-102 所示为原始图像以及应用"进一步模糊"滤镜以后的效果。

原图　　　　　　效果图

图13-102

13.4.9 "径向模糊"滤镜

"径向模糊"滤镜用于模拟缩放或旋转相机时所产生的模糊，产生的是一种柔化的模糊效果。如图 13-103 和图 13-104 所示分别为原始图像、应用"径向模糊"滤镜以后的效果以及"径向模糊"对话框。

⊙ 数量：用于设置模糊的强度。数值越大，模糊效果越明显。

原图　　　　　　　效果图

图13-103

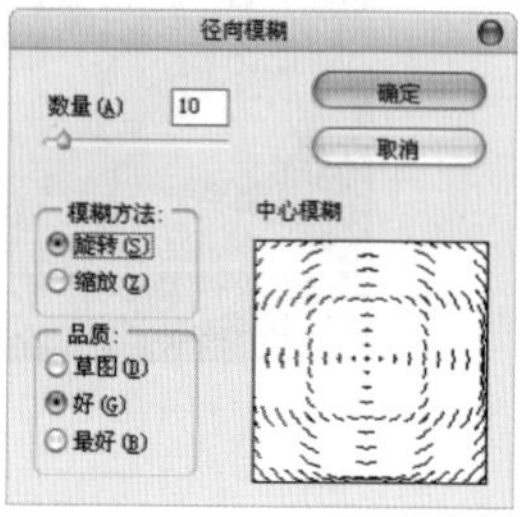

图13-104

⊙ 模糊方法：选中"旋转"单选按钮，图像可以沿同心圆环线产生旋转的模糊效果；选中"缩放"单选按钮，可以从中心向外产生反射模糊效果，如图 13-105 所示。

⊙ 中心模糊：将光标放置在设置框中，使用鼠标左键拖曳可以定位模糊的原点，原点位置不同，模糊中心也不同，如图 13-106 所示分别为不同原点的旋转模糊效果。

旋转模糊　　　　　缩放模糊

图13-105

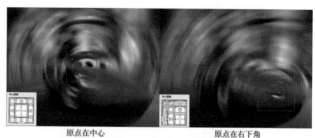

原点在中心　　　　　原点在右下角

图13-106

⊙ 品质：用来设置模糊效果的质量。"草图"的处理速度较快，但会产生颗粒效果；"好"和"最好"的处理速度较慢，但是生成的效果比较平滑。

13.4.10 "镜头模糊"滤镜

"镜头模糊"滤镜可以向图像中添加模糊，模糊效果取决于模糊的"源"设置。如果图像中存在 Alpha 通道或图层蒙版，则可以为图像中的特定对象创建景深效果，使这个对象在焦点内，而使另外的区域变得模糊。例如，图 13-107 所示是一张普通人物照片，图像中没有景深效果，如果要模糊背景区域，可以将该区域存储为选区蒙版或 Alpha 通道，如图 13-108 所示。这样在应用"镜头模糊"滤镜时，将"源"设置为图层蒙版或 Alpha1 通道，如图 13-109 所示，就可以模糊选区中的图像，即模糊背景区域，如图 13-110 所示。

图13-107

图13-108

图13-109

图13-110

执行"滤镜>模糊>镜头模糊"命令，可以打开"镜头模糊"对话框，如图13-111所示。

　　○ 预览：用来设置预览模糊效果的方式。选中"更快"单选按钮，可以提高预览速度；选中"更加准确"单选按钮，可以查看模糊的最终效果，但生成的预览时间更长。

　　○ 深度映射：从"源"下拉列表中可以选择使用 Alpha 通道或图层蒙版来创建景深效果（前提是图像中存在 Alpha 通道或图层蒙版），其中通道或蒙版中的白色区域将被模糊，而黑色区域则保持原样；"模糊焦距"选项用来设置位于角点内的像素的深度；"反相"选项用来反转 Alpha 通道或图层蒙版。

　　○ 光圈：该选项组用来设置模糊的显示方式。"形状"选项用来选择光圈的形状；"半径"选项用来设置模糊的数量；"叶片弯度"选项用来设置对光圈边缘进行平滑处理的程度；"旋转"选项用来旋转光圈。

图13-111

　　○ 镜面高光：该选项组用来设置镜面高光的范围。"亮度"选项用来设置高光的亮度；"阈值"选项用来设置亮度的停止点，比停止点值亮的所有像素都被视为镜面高光。

　　○ 杂色："数量"选项用来在图像中添加或减少杂色；"分布"选项用来设置杂色的分布方式，包括"平均"和"高斯分布"两种；如果选中"单色"复选框，则添加的杂色为单一颜色。

13.4.11 "模糊"滤镜

　　"模糊"滤镜用于在图像中有显著颜色变化的地方消除杂色，它可以通过平衡已定义的线条和遮蔽区域的清晰边缘旁边的像素来使图像变得柔和（该滤镜没有参数设置对话框），如图13-112所示为原始图像及应用"模糊"滤镜以后的效果。

原图　　　　　　　　效果图

图13-112

 技巧提示

　　"模糊"滤镜与"进一步模糊"滤镜都属于轻微模糊滤镜。相比于"进一步模糊"滤镜，"模糊"滤镜的模糊效果要低3～4倍。

13.4.12 "平均"滤镜

　　"平均"滤镜可以查找图像或选区的平均颜色，再用该颜色填充图像或选区，以创建平滑的外观效果。如图13-113和图13-114所示分别为原始图像和框选一块区域应用"平均"滤镜以后的效果。

图13-113

图13-114

13.4.13 "特殊模糊"滤镜

"特殊模糊"滤镜可以精确地模糊图像。如图 13-115 和图 13-116 所示分别为原始图像、应用"特殊模糊"滤镜以后的效果以及"特殊模糊"对话框。

原图　　　　　　　　　　　　　效果图

图13-115　　　　　　　　　　　　　　　　　　　　　　　　图13-116

　　◎ 半径：用来设置要应用模糊的范围。
　　◎ 值：用来设置像素具有多大差异后才会被模糊处理。
　　◎ 品质：设置模糊效果的质量，包括"低""中等"和"高"3 种。
　　◎ 模式：选择"正常"选项，不会在图像中添加任何特殊效果；选择"仅限边缘"选项，将以黑色显示图像，以白色描绘出图像边缘像素亮度值变化强烈的区域；选择"叠加边缘"选项，将以白色描绘出图像边缘像素亮度值变化强烈的区域，如图 13-117 所示。

正常　　　　　　　　　　　　仅限边缘　　　　　　　　　　　　叠加边缘

图13-117

13.4.14 "形状模糊"滤镜

"形状模糊"滤镜可以用设置的形状来创建特殊的模糊效果。如图 13-118 和图 13-119 所示分别为原始图像、应用"形状模糊"滤镜以后的效果以及"形状模糊"对话框。

　　◎ 半径：用来调整形状的大小。数值越大，模糊效果越好。
　　◎ 形状：可以在形状列表中选择一个形状来模糊图像。单击形状列表右侧的三角形图标▶，可以载入预设的形状或外部的形状，如图 13-120 所示。

原图　　　　　　效果图

图13-118

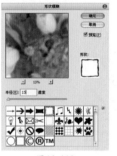

图13-119

图13-120

"扭曲"滤镜组

13.5.1 "波浪"滤镜

"波浪"滤镜可以在图像上创建类似于波浪起伏的效果。如图 13-121 和图 13-122 所示分别为原始图像、应用"波浪"滤镜以后的效果以及"波浪"对话框。

原图　　　　　　　　　效果图

图 13-121

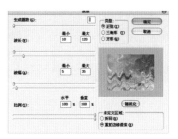

图 13-122

- 生成器数：用来设置波浪的强度。
- 波长：用来设置相邻两个波峰之间的水平距离，包括"最小"和"最大"两个选项，其中"最小"数值不能超过"最大"数值。
- 波幅：设置波浪的宽度（最小）和高度（最大）。
- 比例：设置波浪在水平方向和垂直方向上的波动幅度。
- 类型：选择波浪的形态，包括"正弦""三角形"和"方形"3 种形态，如图 13-123 所示。

"正弦"形态　　　　"三角形"形态　　　　"方形"形态

图 13-123

- 随机化：如果对波浪效果不满意，可以单击该按钮，以重新生成波浪效果。
- 未定义区域：用来设置空白区域的填充方式。选中"折回"单选按钮，可以在空白区域填充溢出的内容；选中"重复边缘像素"单选按钮，可以填充扭曲边缘的像素颜色。

13.5.2 "波纹"滤镜

"波纹"滤镜与"波浪"滤镜类似，但只能控制波纹的数量和大小。如图 13-124 和图 13-125 所示分别为原始图像、应用"波纹"滤镜以后的效果以及"波纹"对话框。

图 13-124

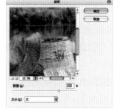

图 13-125

- 数量：用于设置产生波纹的数量。
- 大小：选择所产生的波纹的大小。

13.5.3 "极坐标"滤镜

"极坐标"滤镜可以将图像从平面坐标转换到极坐标，或从极坐标转换到平面坐标。选择一张图片，如图 13-126 所示。执行"滤镜>扭曲>极坐标"命令，在弹出的"极坐标"对话框中设置适当的参数，此时画面效果发生变化。"极坐标"对话框如图 13-127 所示。

　　● 平面坐标到极坐标：使矩形图像变为圆形图像，效果如图 13-128 所示。
　　● 极坐标到平面坐标：使圆形图像变为矩形图像，效果如图 13-129 所示。

图13-126

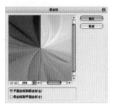
图13-127

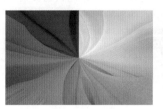
图13-128

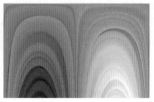
图13-129

视频陪练——使用"极坐标"滤镜制作极地星球

实例文件	视频陪练——使用"极坐标"滤镜制作极地星球.psd
视频教学	视频陪练——使用"极坐标"滤镜制作极地星球.flv
难易指数	★★★★★
技术要点	"极坐标"滤镜

扫码看视频

实例效果

本例效果如图 13-130 所示。

13.5.4 "挤压"滤镜

"挤压"滤镜可以将选区内的图像或整个图像向外或向内挤压，如图 13-131 和图 13-132 所示分别为原始图像和"挤压"对话框。

　　数量：用来控制挤压图像的程度。当数值为负值时，图像会向外挤压；当数值为正值时，图像会向内挤压，如图 13-133 所示。

图13-130

图13-131

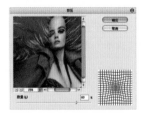
图13-132

向外挤压　　　　　向内挤压
图13-133

13.5.5 "切变"滤镜

"切变"滤镜可以沿一条曲线扭曲图像，通过拖曳调整框中的曲线可以应用相应的扭曲效果，如图 13-134 和图 13-135 所示分别为原始图像和"切变"对话框。

　　● 曲线调整框：可以通过控制曲线的弧度来控制图像的变形效果，如图 13-136 所示为不同的变形效果。
　　● 折回：在图像的空白区域填充溢出图像之外的图像内容，如图 13-137（a）所示。
　　● 重复边缘像素：在图像边界不完整的空白区域填充扭曲边

图13-134　　　　　　　　　　图13-135

缘的像素颜色，如图13-137（b）所示。

向左变形　　　　　　　向右变形

图13-136

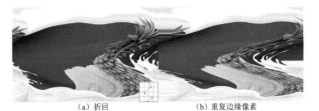

（a）折回　　　　　（b）重复边缘像素

图13-137

13.5.6 "球面化"滤镜

"球面化"滤镜可以将选区内的图像或整个图像扭曲为球形。选择一张图片，如图13-138所示。执行"滤镜＞扭曲＞球面化"命令，在弹出的"球面化"对话框中设置适当的参数，此时图像发生变化，效果如图13-139所示。"球面化"对话框如图13-140所示。

　　数量：用来设置图像球面化的程度。当设置为正值时，图像会向外凸起；当设置为负值时，图像会向内收缩，如图13-141所示。

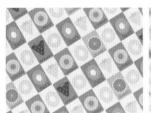

图13-138

图13-139

图13-140

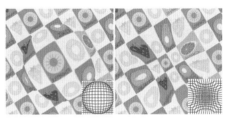

图13-141

模式：用来选择图像的挤压方式，包括"正常""水平优先"和"垂直优先"3种方式。

视频陪练——使用"球面化"滤镜制作气球

实例文件	视频陪练——使用"球面化"滤镜制作气球.psd
视频教学	视频陪练——使用"球面化"滤镜制作气球.flv
难易指数	★★★★★
技术要点	"球面化"滤镜

实例效果

本例效果如图13-142所示。

图13-142

13.5.7 "水波"滤镜

"水波"滤镜可以使图像产生真实的水波波纹效果，如图13-143和图13-144所示分别为原始图像（创建了一个选区）和"水波"对话框。

图13-143

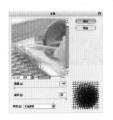

图13-144

数量：用来设置波纹的凹凸程度。当设置为负值时，将产生下凹的波纹；当设置为正值时，将产生上凸的波纹，如图 13-145 所示。

图13-145

起伏：用来设置波纹的圈数。数值越大，波纹越多。

样式：用来选择生成波纹的方式。选择"围绕中心"选项时，可以围绕图像或选区的中心产生波纹；选择"从中心向外"选项时，波纹将从中心向外扩散；选择"水池波纹"选项时，可以产生同心圆形状的波纹，如图 13-146 所示。

图13-146

13.5.8 "旋转扭曲"滤镜

"旋转扭曲"滤镜可以顺时针或逆时针旋转图像，旋转会围绕图像的中心进行处理，如图 13-147 和图 13-148 所示为原始图像以及"旋转扭曲"对话框。

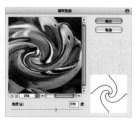

图13-147　　　　　　　图13-148

角度：用来设置旋转扭曲的方向。当设置为正值时，会沿顺时针方向进行扭曲；当设置为负值时，会沿逆时针方向进行扭曲，如图 13-149 所示。

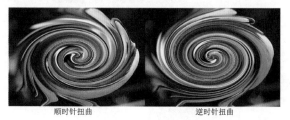

图13-149

13.5.9 "置换"滤镜

"置换"滤镜可以将图像以另外一个 PSD 文件的亮度值使当前图像的像素重新排列，并产生位移效果。

选择一个图层，如图 13-150 所示。执行"滤镜 > 扭曲 > 置换"命令，在弹出的对话框中设置"水平比例"和"垂直比例"均为 100，如图 13-151 所示。

图13-150　　　　　　　图13-151

单击"确定"按钮后，在弹出的对话框中选择之前准备好的 PSD 格式的心形素材文件，如图 13-152 和图 13-153 所示。

图13-152　　　　　　　图13-153

拾取完毕后可以看到原图以心形的弧度呈现出立体效果，如图 13-154 所示。

图13-154

13.6 "锐化"滤镜组

"锐化"滤镜组可以通过增强相邻像素之间的对比度来聚集模糊的图像。"锐化"滤镜组包括5种滤镜:"USM 锐化""进一步锐化""锐化""锐化边缘"和"智能锐化"。

13.6.1 "USM 锐化"滤镜

"USM 锐化"滤镜可以查找图像颜色发生明显变化的区域,然后将其锐化。如图 13-155 和图 13-156 所示分别为原始图像、应用"USM 锐化"滤镜以后的效果以及"USM 锐化"对话框。

原图　　　　　　　　　　效果图

图13-155　　　　　　　　　　　　　　　　　　图13-156

- 数量:用来设置锐化效果的精细程度。
- 半径:用来设置图像锐化的半径范围大小。
- 值:只有相邻像素之间的差值达到所设置的阈值时才会被锐化。该值越大,被锐化的像素就越少。

13.6.2 "进一步锐化"滤镜

"进一步锐化"滤镜可以通过增加像素之间的对比度使图像变得清晰,但锐化效果不是很明显(该滤镜没有参数设置对话框),如图 13-157 所示为原始图像与应用两次"进一步锐化"滤镜以后的效果。

13.6.3 "锐化"滤镜

"锐化"滤镜与"进一步锐化"滤镜一样(该滤镜没有参数设置对话框),都可以通过增加像素之间的对比度使图像变得清晰,但是其锐化效果没有"进一步锐化"滤镜的锐化效果明显,应用一次"进一步锐化"滤镜,相当于应用了3次"锐化"滤镜,如图 13-158 所示为原图及应用"锐化"滤镜以后的效果。

原图　　　　　　　　效果图

图13-157

原图　　　　　　　　　　效果图

图13-158

13.6.4 "锐化边缘"滤镜

"锐化边缘"滤镜只锐化图像的边缘,同时会保留图像整体的平滑度(该滤镜没有参数设置对话框),如图 13-159 所示为原始图像及应用"锐化边缘"滤镜以后的效果。

原图　　　　　　　　　　效果图

图13-159

13.6.5 "智能锐化"滤镜

"智能锐化"滤镜的功能比较强大，它具有独特的锐化选项，可以设置锐化算法、控制阴影和高光区域的锐化量。选择一张图片，执行"滤镜＞锐化＞智能锐化"命令，在弹出的"智能锐化"对话框中设置适当的参数，此时画面效果发生变化，如图 13-160 和图 13-161 所示分别为原始图像、应用"智能锐化"滤镜以后的效果以及"智能锐化"对话框。

原图　　　　　　　　　效果图

图 13-160

图 13-161

1. 设置基本选项

在"智能锐化"对话框中选中"基本"单选按钮，可以设置"智能锐化"滤镜的基本锐化功能。

- 设置：单击"存储当前设置的拷贝"按钮 ，可以将当前设置的锐化参数存储为预设参数；单击"删除当前设置"按钮 ，可以删除当前选择的自定义锐化配置。

- 数量：用来设置锐化的精细程度。数值越大，越能强化边缘之间的对比度，如图 13-162 所示是设置"数量"为 100% 和 500% 时的锐化效果。

- 半径：用来设置受锐化影响的边缘像素的数量。数值越大，受影响的边缘就越宽，锐化的效果也越明显，如图 13-163 所示是设置"半径"为 3 像素和 6 像素时的锐化效果。

- 移去：选择锐化图像的算法。选择"高斯模糊"选项，可以使用"USM 锐化"滤镜的方法锐化图像；选择"镜头模糊"选项，可以查找图像中的边缘和细节，并对细节进行更加精细的锐化，以减少锐化的光晕；选择"动感模糊"选项，可以激活下面的"角度"选项，通过设置"角度"值可以减少由于相机或对象移动而产生的模糊效果。

- 更加准确：选中该复选框，可以使锐化效果更加精确。

100%锐化　　　　　　　　500%锐化

图 13-162

半径为3像素　　　　　　　半径为6像素

图 13-163

2. 设置高级选项

在"智能锐化"对话框中选中"高级"单选按钮，可以设置"智能锐化"滤镜的高级锐化功能。高级锐化功能包含"锐化""阴影"和"高光"3 个选项卡，如图 13-164～图 13-166 所示，其中"锐化"选项卡中的参数与基本锐化选项完全相同。

- 渐隐量：用于设置阴影或高光中的锐化程度。

- 色调宽度：用于设置阴影和高光中色调的修改范围。

- 半径：用于设置每个像素周围的区域的大小。

图 13-164　　　　　　　图 13-165　　　　　　　图 13-166

实例文件	视频陪练——模糊图像变清晰.psd
视频教学	视频陪练——模糊图像变清晰.flv
难易指数	★★★★★
技术要点	"智能锐化"滤镜

扫码看视频

实例效果

本例对比效果如图 13-167 和图 13-168 所示。

图13-167

图13-168

13.7 "视频"滤镜组

"视频"滤镜组包含两种滤镜："NTSC 颜色"和"逐行"（见图 13-169），这两个滤镜可以处理隔行扫描方式的设备中提取的图像。

NTSC 颜色
逐行...

图13-169

13.7.1 "NTSC 颜色"滤镜

"NTSC 颜色"滤镜可以将色域限制在电视机重现可接受的范围内，以防止过饱和颜色渗到电视扫描行中。

13.7.2 "逐行"滤镜

"逐行"滤镜可以移去视频图像中的奇数或偶数隔行线，使在视频上捕捉的运动图像变得平滑，"逐行"对话框如图 13-170 所示。

💨 消除：用来控制消除逐行的方式，包括"奇数场"和"偶数场"两种。

💨 创建新场方式：用来设置消除场以后用何种方式来填充空白区域。选中"复制"单选按钮，可以复制被删除部分周围的像素来填充空白区域；选中"插值"单选按钮，可以利用被删除部分周围的像素，通过插值的方法进行填充。

图13-170

13.8 "像素化"滤镜组

"像素化"滤镜组可以将图像进行分块或平面化处理。"像素化"滤镜组包含 7 种滤镜："彩块化""彩色半调""点状化""晶格化""马赛克""碎片""铜版雕刻"，如图 13-171 所示。

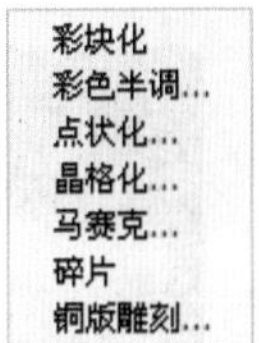

彩块化
彩色半调...
点状化...
晶格化...
马赛克...
碎片
铜版雕刻...

图13-171

13.8.1 "彩块化"滤镜

"彩块化"滤镜可以将纯色或相近色的像素结成相近颜色的像素块（该滤镜没有参数设置对话框），常用来制作手绘图像、抽象派绘画等艺术效果，如图 13-172 所示为原始图像以及应用"彩块化"滤镜以后的效果。

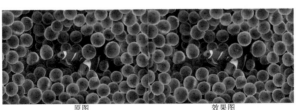

原图　　　　　　　　　效果图

图13-172

13.8.2 "彩色半调"滤镜

"彩色半调"滤镜可以模拟在图像的每个通道上使用放大的半调网屏的效果。如图13-173和图13-174所示分别为原始图像、应用"彩色半调"滤镜以后的效果以及"彩色半调"对话框。

原图　　　　　　　　效果图

图13-173

图13-174

- 最大半径：用来设置生成的最大网点的半径。
- 网角（度）：用来设置图像各个原色通道的网点角度。

13.8.3 "点状化"滤镜

"点状化"滤镜可以将图像中的颜色分解成随机分布的网点，并使用背景色作为网点之间的画布区域。如图13-175和图13-176所示分别为原始图像、应用"点状化"滤镜以后的效果以及"点状化"对话框。

原图　　　　　　　　效果图

图13-175

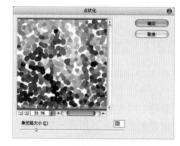

图13-176

单元格大小：用来设置每个多边形色块的大小。

13.8.4 "晶格化"滤镜

"晶格化"滤镜可以使图像中颜色相近的像素结块形成多边形纯色。如图13-177和图13-178所示分别为原始图像、应用"晶格化"滤镜以后的效果以及"晶格化"对话框。

原图　　　　　　　　效果图

图13-177

图13-178

单元格大小：用来设置每个多边形色块的大小。

13.8.5 "马赛克"滤镜

"马赛克"滤镜可以使像素结为方形色块，创建出类似于马赛克的效果。选择一张图片，执行"滤镜>像素化>马赛克"命令，在弹出的"马赛克"对话框中设置适当的参数，此时画面效果发生变化，如图13-179和图13-180所示分别为原始图像、应用"马赛克"滤镜以后的效果以及"马赛克"对话框。

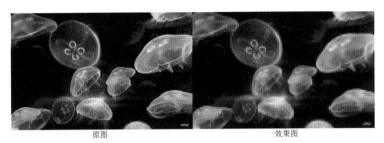
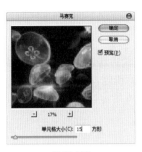

原图　　　　　　　　　　　　效果图

图13-179　　　　　　　　　　　　　　　　　图13-180

单元格大小：用来设置每个多边形色块的大小。

视频陪练——使用"马赛克"滤镜制作 LED 屏幕效果

实例文件	视频陪练——使用"马赛克"滤镜制作LED屏幕效果.psd
视频教学	视频陪练——使用"马赛克"滤镜制作LED屏幕效果.flv
难易指数	★★★★★
技术要点	"马赛克"滤镜、图案图章工具、"曲线"命令

扫码看视频

实例效果

本例对比效果如图 13-181 和图 13-182 所示。

图13-181　　　　　　　　　　图13-182

13.8.6　"碎片"滤镜

"碎片"滤镜可以将图像中的像素复制 4 次，然后将复制的像素平均分布，并使其相互偏移（该滤镜没有参数设置对话框），如图 13-183 所示为原始图像以及应用"碎片"滤镜以后的效果。

13.8.7　"铜版雕刻"滤镜

"铜版雕刻"滤镜可以将图像转换为黑白区域的随机图案或彩色图像中完全饱和颜色的随机图案，如图 13-184 和图 13-185 所示分别为原始图像以及"铜版雕刻"对话框。

原图　　　　　　　　　　效果图

图13-183

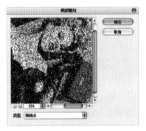

图13-184　　　　　　　　　　图13-185

类型：选择铜版雕刻的类型，包括"精细点""中等点""粒状点""粗网点""短直线""中长直线""长直线""短描边""中长描边"和"长描边"10 种类型。

13.9　"渲染"滤镜组

"渲染"滤镜组可在图像中创建云彩图案、3D 形状、折射图案和模拟的光反射效果。"渲染"滤镜组包含 5 种滤镜："分层云彩""光照效果""镜头光晕""纤维"和"云彩"。

13.9.1 "分层云彩"滤镜

"分层云彩"滤镜可以将云彩数据与现有的像素以"差值"方式进行混合（该滤镜没有参数设置对话框）。首次应用该滤镜时，图像的某些部分会被反相成云彩图案，如图13-186所示。

13.9.2 "光照效果"滤镜

原图　　　　　　　　　　效果图

图13-186

"光照效果"滤镜的功能相当强大，不仅可以在 RGB 图像上产生多种光照效果，也可以使用灰度文件的凹凸纹理图产生类似 3D 的效果，并存储为自定样式以在其他图像中使用。执行"滤镜 > 渲染 > 光照效果"命令，可打开"光照效果"对话框，如图13-187所示。在选项栏中的"预设"下拉列表中包含多种预设的光照效果，选择某一项即可更改当前画面效果，如图13-188所示。

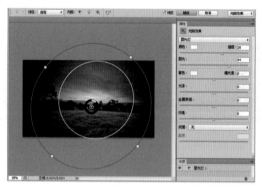

图13-187

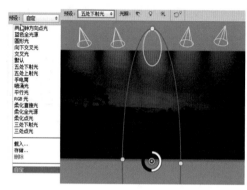

图13-188

13.9.3 "镜头光晕"滤镜

"镜头光晕"滤镜可以模拟亮光照射到相机镜头所产生的折射效果，如图13-189～图13-191所示分别为原始图像、应用"镜头光晕"滤镜以后的效果以及"镜头光晕"对话框。

⊙ 预览窗口：在该窗口中可以通过拖曳十字线来调节光晕的位置。

⊙ 亮度：用来控制镜头光晕的亮度，其取值范围为10%～300%，如图13-192所示是设置"亮度"值为100%和200%时的效果。

图13-189　　　　　　　　图13-190　　　　　　　　图13-191　　　　亮度为100%　　　　亮度为200%

图13-192

⊙ 镜头类型：用来选择镜头光晕的类型，包括"50-300 毫米变焦""35 毫米聚焦""105 毫米聚焦"和"电影镜头"4 种类型，如图13-193所示。

50-300毫米变焦　　　　　　35毫米聚焦　　　　　　105毫米聚焦　　　　　　电影镜头

图13-193

13.9.4 "纤维"滤镜

"纤维"滤镜可以根据前景色和背景色来创建类似编织的纤维效果，如图13-194~图13-196所示分别为背景色和前景色、应用"纤维"滤镜以后的效果以及"纤维"对话框。

➴ 差异：用来设置颜色变化的方式。较小的数值可以生成较长的颜色条纹；较大的数值可以生成较短且颜色分布变化较大的纤维，如图13-197所示。

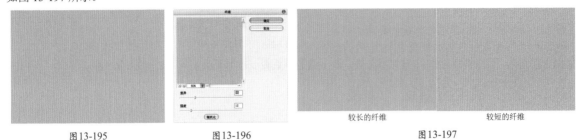

图13-194   图13-195   图13-196   较长的纤维   较短的纤维   图13-197

➴ 强度：用来设置纤维外观的明显程度。

➴ 随机化：单击该按钮，可以随机生成新的纤维。

13.9.5 "云彩"滤镜

"云彩"滤镜可以根据前景色和背景色随机生成云彩图案（该滤镜没有参数设置对话框），如图13-198所示为应用"云彩"滤镜以后的效果。

图13-198

13.10 "杂色"滤镜组

"杂色"滤镜组可以添加或移去图像中的杂色，这样有助于将选择的像素混合到周围的像素中。"杂色"滤镜组包含5种滤镜："减少杂色""蒙尘与划痕""去斑""添加杂色"和"中间值"。

13.10.1 "减少杂色"滤镜

"减少杂色"滤镜可以基于影响整个图像或各个通道的参数设置来保留边缘并减少图像中的杂色。如图13-199和图13-200所示分别为原始图像、应用"减少杂色"滤镜以后的效果以及"减少杂色"对话框。

原图   效果图   图13-200

图13-199

1. 设置基本选项

在"减少杂色"对话框中选中"基本"单选按钮，可以设置"减少杂色"滤镜的基本参数。

➴ 强度：用来设置应用于所有图像通道的明亮度杂色的减少量。

➴ 保留细节：用来控制保留图像的边缘和细节（如头发）的程度。数值为100%时，可以保留图像的大部分细节，但是会将明亮度杂色减到最低。

➴ 减少杂色：移去随机的颜色像素。数值越大，减少的颜色杂色越多。

锐化细节：用来设置移去图像杂色时锐化图像的程度。

　　　移去 JPEG 不自然感：选中该复选框后，可以移去因 JPEG 压缩而产生的不自然块。

2．设置高级选项

　　在"减少杂色"对话框中选中"高级"单选按钮，可以设置"减少杂色"滤镜的高级参数。其中"整体"选项卡与基本参数完全相同，如图 13-201 所示；"每通道"选项卡可以基于红、绿、蓝通道来减少通道中的杂色，如图 13-202 所示。

图 13-201

红通道　　　　　绿通道　　　　　蓝通道
图 13-202

13.10.2 "蒙尘与划痕"滤镜

　　"蒙尘与划痕"滤镜可以通过修改具有差异化的像素来减少杂色，可以有效地去除图像中的杂点和划痕，如图 13-203 和图 13-204 所示分别为原始图像、应用"蒙尘与划痕"滤镜以后的效果以及"蒙尘与划痕"对话框。

原图　　　　　　　　　　　效果图
图 13-203

图 13-204

　　　半径：用来设置柔化图像边缘的范围。

　　　值：用来定义像素的差异有多大才被视为杂点。数值越大，消除杂点的能力越弱。

13.10.3 "去斑"滤镜

　　"去斑"滤镜可以检测图像的边缘（发生显著颜色变化的区域），并模糊那些边缘外的所有区域，同时会保留图像的细节（该滤镜没有参数设置对话框），如图 13-205 所示为原始图像以及应用"去斑"滤镜以后的效果。

原图　　　　　　　　效果图
图 13-205

13.10.4 "添加杂色"滤镜

　　"添加杂色"滤镜可以在图像中添加随机像素，也可以用来修改图像中经过重大编辑的区域。选择一张图片，执行"滤镜＞杂色＞添加杂色"命令，在弹出的"添加杂色"对话框中设置适当的参数，此时画面效果发生变化。如图 13-206 和图 13-207 所示分别为原始图像、应用"添加杂色"滤镜以后的效果以及"添加杂色"对话框。

图 13-206　　　　　　　　　图 13-207

　　　数量：用来设置添加到图像中的杂点的数量。

　　　分布：选中"平均分布"单选按钮，可以随机向图像中添加杂点，杂点效果比较柔和；选中"高斯分布"单选按钮，可以沿一条钟形曲线分布杂色的颜色值，以获得斑点状的杂点效果。

　　　单色：选中该复选框后，杂点只影响原有像素的亮度，并且像素的颜色不会发生改变。

视频陪练——使用"添加杂色"滤镜制作雪天效果

实例文件	视频陪练——使用"添加杂色"滤镜制作雪天效果.psd
视频教学	视频陪练——使用"添加杂色"滤镜制作雪天效果.flv
难易指数	★★★★★
技术要点	"添加杂色"滤镜

实例效果

本例主要使用"添加杂色"滤镜制作出杂点的效果，并使用"色阶"调整杂点的密度，调整该图层混合模式使其呈现雪花的效果，如图 13-208 和图 13-209 所示分别为原图以及应用"动感模糊"滤镜制作雪花下落的效果。

图13-208 图13-209

13.10.5 "中间值"滤镜

"中间值"滤镜可以混合选区中像素的亮度来减少图像的杂色。该滤镜会搜索像素选区的半径范围以查找亮度相近的像素，并且会扔掉与相邻像素差异太大的像素，然后用搜索到的像素的中间亮度值来替换中心像素。如图 13-210 和图 13-211 所示分别为原始图像、应用"中间值"滤镜以后的效果以及"中间值"对话框。

原图　　　　　　　　　　效果图
图13-210

图13-211

　半径：用于设置搜索像素选区的半径范围。

13.11 "其他"滤镜组

"其他"滤镜组中的一些滤镜可以允许用户自定义滤镜效果，一些滤镜可以修改蒙版、在图像中使选区发生位移和快速调整图像颜色。"其他"滤镜组包含 5 种滤镜："高反差保留""位移""自定""最大值"和"最小值"。

13.11.1 "高反差保留"滤镜

"高反差保留"滤镜可以在具有强烈颜色变化的地方按指定的半径来保留边缘细节，并且不显示图像的其余部分。如图 13-212 和图 13-213 所示分别为原始图像、应用"高反差保留"滤镜以后的效果以及"高反差保留"对话框。

原图　　　　　　　　　　效果图
图13-212

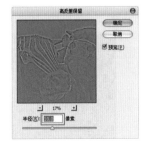
图13-213

　半径：用来设置滤镜分析处理图像像素的范围。数值越大，所保留的原始像素就越多。当数值为 0.1 像素时，仅保留图像边缘的像素。

第 13 章　滤镜

13.11.2 "位移"滤镜

"位移"滤镜可以在水平或垂直方向上偏移图像，如图 13-214～图 13-216 所示分别为原始图像、应用"位移"滤镜以后的效果及以"位移"对话框。

图13-214

图13-215

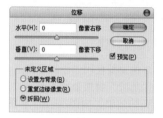

图13-216

- 水平：用来设置图像像素在水平方向上的偏移距离。数值为正值时，图像会向右偏移，同时左侧会出现空缺。
- 垂直：用来设置图像像素在垂直方向上的偏移距离。数值为正值时，图像会向下偏移，同时上方会出现空缺。
- 未定义区域：用来选择图像发生偏移后填充空白区域的方式。选中"设置为背景"单选按钮时，可以用背景色填充空缺区域；选中"重复边缘像素"单选按钮时，可以在空缺区域填充扭曲边缘的像素颜色；选中"折回"单选按钮时，可以在空缺区域填充溢出图像之外的图像内容。

13.11.3 "自定"滤镜

"自定"滤镜可以设计用户自己的滤镜效果。该滤镜可以根据预定义的"卷积"数学运算来更改图像中每个像素的亮度值，"自定"对话框如图 13-217 所示。

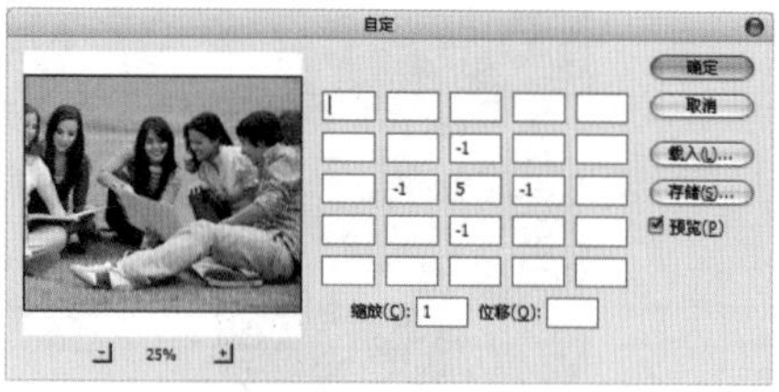

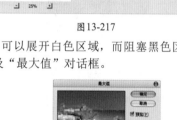

13.11.4 "最大值"滤镜

"最大值"滤镜对于修改蒙版非常有用。该滤镜可以在指定的半径范围内，用周围像素的最高亮度值替换当前像素的亮度值。"最大值"滤镜具有阻塞功能，可以展开白色区域，而阻塞黑色区域。如图 13-218 和图 13-219 所示分别为原始图像、应用"最大值"滤镜以后的效果以及"最大值"对话框。

图13-217

原图　　　　　　　　　　　效果图

图13-218

图13-219

- 半径：设置用周围像素的最大亮度值来替换当前像素的亮度值的范围。

13.11.5 "最小值"滤镜

"最小值"滤镜对于修改蒙版非常有用。该滤镜具有伸展功能，可以扩展黑色区域，而收缩白色区域。如图 13-220 和图 13-221 所示分别为原始图像、应用"最小值"滤镜以后的效果以及"最小值"对话框。

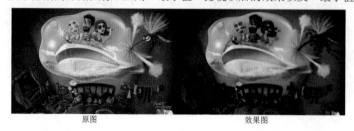

原图　　　　　　　　　　　效果图

图13-220

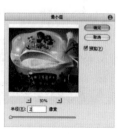

图13-221

- 半径：设置滤镜扩展黑色区域、收缩白色区域的范围。

Chapter 14
第14章

打印输出

文件在打印之前需要对其印刷参数进行设置。执行"文件 > 打印"命令，打开"Photoshop 打印设置"对话框，在该对话框中可以预览打印作业的效果。本章主要来学习一下打印的设置方法。

本章学习要点：

- 掌握打印的基本设置
- 了解色彩管理与输出

14.1 创建颜色陷印

陷印又称扩缩或补漏白，主要是为了弥补因印刷不精确而造成的相邻的不同颜色之间留下的无色空隙，如图 14-1 所示。

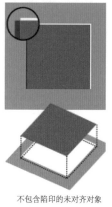

不包含陷印的未对齐对象

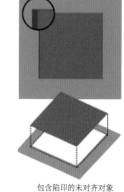

包含陷印的未对齐对象

图14-1

 技巧提示

肉眼观察印刷品时，会出现一种深色距离较近、浅色距离较远的错觉。因此，在处理陷印时，需要使深色下的浅色不露出来，而保持上层的深色不变。

执行"图像 > 陷印"命令，可以打开"陷印"对话框。其中"宽度"选项表示印刷时颜色向外扩张的距离，如图 14-2 所示。

图14-2

 技巧提示

只有图像的颜色为 CMYK 颜色模式时，"陷印"命令才可用。另外，图像是否需要陷印，一般由印刷商决定，如果需要陷印，印刷商会告诉用户要在"陷印"对话框中输入的数值。

14.2 打印基本选项

文件在打印之前需要对其印刷参数进行设置。执行"文件 > 打印"命令，打开"Photoshop 打印设置"对话框，在该对话框中可以预览打印作业的效果，并且可以对打印机、打印份数、输出选项和色彩管理等进行设置，如图 14-3 所示。

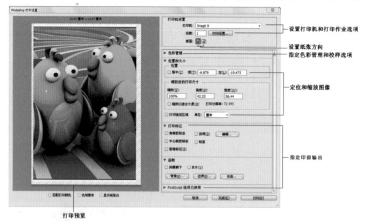

打印预览

图14-3

- 打印机：在下拉列表中可以选择打印机。
- 份数：设置要打印的份数。
- 打印设置：单击该按钮，可以打开一个属性对话框。在该对话框中可以设置纸张的方向、页面的打印顺序和打印页数。
- 版面：单击"纵向打印纸张"按钮 或"横向打印纸张"按钮 可将纸张方向设置为纵向或横向。
- 位置：选中"居中"复选框，可以将图像定位于可打印区域的中心；取消选中"居中"复选框，可以在"顶"和"左"文本框中输入数值来定位图像，也可以在预览区域中移动图像进行自由定位，从而打印部分图像。
- 缩放后的打印尺寸：如果选中"缩放以适合介质"复选框，可以自动缩放图像到适合纸张的可打印区域；如果取消选中"缩放以适合介质"复选框，可以在"缩放"文本框中输入图像的缩放比例，或在"高度"和"宽度"文本框中设置图像的尺寸。

◉ 打印选定区域：选中该复选框，可以启用对话框中的裁剪控制功能，调整定界框移动或缩放图像。

14.3 色彩管理

在"Photoshop 打印设置"对话框中，不仅可以对打印参数进行设置，还可以对打印图像的色彩以及输出的打印标记和函数进行设置。"色彩管理"选项组可以对打印颜色进行设置，如图 14-4 所示。

◉ 颜色处理：设置是否使用色彩管理。如果使用色彩管理，则需要确定将其应用于程序中还是打印设备中。

◉ 打印机配置文件：选择适用于打印机和将要使用的纸张类型的配置文件。

◉ 染方法：指定颜色从图像色彩空间转换到打印机色彩空间的方式，包括"可感知""饱和度""相对比色"和"绝对比色" 4 个选项。"可感知"渲染将尝试保留颜色之间的视觉关系，色域外颜色转变为可重现颜色时，色域内的颜色可能会发生变化。因此，如果图像的色域外颜色较多，"可感知"渲染是最理想的选择；"相对比色"渲染可以保留较多的原始颜色，是色域外颜色较少时的最理想选择。

图14-4

技巧提示

在一般情况下，打印机的色彩空间要小于图像的色彩空间。因此，通常会造成某些颜色无法重现，而所选的渲染方法将尝试补偿这些色域外的颜色。

14.4 印前输出设置

可以在"Photoshop 打印设置"对话框的"打印标记"与"函数"选项组中指定页面标记和其他输出内容，如图 14-5 所示。

◉ 角裁剪标志：在要裁剪页面的位置打印裁剪标记。可以在角上打印裁剪标记。在 PostScript 打印机上，选择该选项也将打印星形色靶。

◉ 说明：打印在"文件简介"对话框中输入的任何说明文本（最多约 300 个字符）。

◉ 中心裁剪标志：在要裁剪页面的位置打印裁剪标记。可以在每条边的中心打印裁剪标记。

图14-5

◉ 标签：在图像上方打印文件名。如果打印分色，则将分色名称作为标签的一部分进行打印。

◉ 套准标记：在图像上打印套准标记（包括靶心和星形靶）。这些标记主要用于对齐 PostScript 打印机上的分色。

◉ 药膜朝下：使文字在药膜朝下（即胶片或相纸上的感光层背对）时可读。在正常情况下，打印在纸上的图像是药膜朝上打印的，感光层正对时文字可读。打印在胶片上的图像通常采用药膜朝下的方式打印。

◉ 负片：打印整个输出（包括所有蒙版和任何背景色）的反相版本。

技巧提示

"负片"与"图像>调整>反相"命令不同，"负片"是将输出转换为负片。尽管正片胶片在许多国家/地区很普遍，但是如果将分色直接打印到胶片，可能需要负片。

◉ 背景：选择要在页面上的图像区域外打印的背景色。

◉ 边界：在图像周围打印一个黑色边框。

◉ 出血：在图像内而不是在图像外打印裁剪标记。

Chapter 15

第15章

综合实战

15.1 老年人像还原年轻态

实例文件	案例文件\第15章\老年人像还原年轻态.psd
视频教学	视频文件\第15章\老年人像还原年轻态.flv
难易指数	★★★★★
技术要点	调整图层、色彩范围、混合模式、修补工具、仿制图章、液化滤镜

图15-1

实例效果

本例主要是使用调整图层、色彩范围、混合模式、修补工具、仿制图章、液化滤镜为老年人像还原年轻态，如图15-1所示。

操作步骤

步骤01 打开背景素材文件"1.jpg"，如图 15-2 所示。新建图层组，复制人像图层，并将其置于调整图层组中，单击"图层"面板底部的"添加图层蒙版"按钮，为调整图层组添加图层蒙版，使用"矩形选框工具"在蒙版中绘制矩形的选框，为其填充黑色，如图 15-3 所示。

步骤02 执行"图层 > 新建调整图层 > 曲线"命令，创建曲线调整图层，调整曲线的形状，如图 15-4 所示。提亮画面，如图 15-5 所示。

图15-2

图15-3

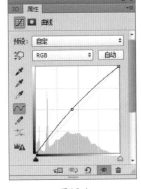

图15-4

图15-5

步骤03 按 Shift+Ctrl+Alt+E 组合键盖印图层，使用"仿制图章工具"，在画面中按住 Alt 键在较光滑的皮肤处单击设置取样点，松开 Alt 键在皱纹的部分进行涂抹绘制，如图 15-6 所示。效果如图 15-7 所示。

步骤04 对其使用外挂滤镜进行磨皮，使用吸管工具，在面部单击，单击 OK 按钮完成操作，如图 15-8 所示。为其添加图层蒙版，使用黑色画笔涂抹，去除人像皮肤以外的影响，如图 15-9 所示。（此处使用的是一款非常好用的外挂磨皮滤镜——Portraiture。如果没有安装此滤镜，可以跳过这一步或使用其他磨皮方法。）

图15-6

图15-7

图15-8

图15-9

步骤05 执行"滤镜>液化"命令，使用向前变形工具，设置"画笔大小"为240，在画面中调整面部的形状，如图15-10所示。单击"确定"按钮结束操作，如图15-11所示。

步骤06 再次盖印图层，执行"选择>色彩范围"命令，使用吸管工具，单击人像唇边位置，设置"颜色容差"为28，如图15-12所示。得到人像面部选区，如图15-13所示。

图15-10

图15-11

图15-12

图15-13

步骤07 创建曲线调整图层，调整曲线的形状，如图15-14所示。效果如图15-15所示。

步骤08 选中调整图层蒙版，执行"滤镜>模糊>高斯模糊"命令，设置"半径"为30像素，如图15-16所示。单击"确定"按钮结束操作，如图15-17所示。

图15-14

图15-15

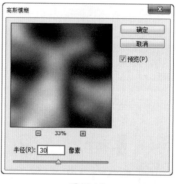
图15-16

图15-17

步骤09 使用修补工具 ，在画面中绘制刘海部分选区，在画面中向光滑的部分拖曳，如图15-18所示。效果如图15-19所示。使用同样的方法调整其他部分的皱纹，效果如图15-20所示。

步骤10 使用矩形选框工具，框选眼睛的部分，并将其复制到新图层，如图15-21所示。

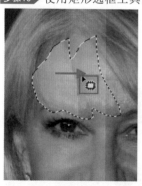

图15-18

图15-19

图15-20

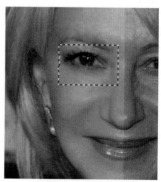
图15-21

步骤11 执行"编辑>预设>预设管理器"命令，单击"载入"按钮，在弹出的对话框中选择睫毛笔刷素材文件"2.abr"，单击"载入"按钮，再单击"完成"按钮，如图15-22所示。

步骤12 单击工具箱中的"画笔工具"按钮，在选项栏中选择合适的睫毛，如图15-23所示。设置前景色为黑色，使用画笔在画面中单击绘制睫毛，如图15-24所示。

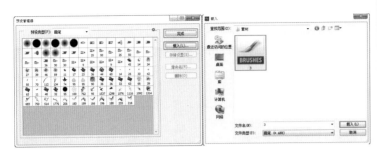

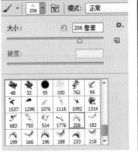

图15-22　　　　　　　　　　　　　　图15-23　　　　　　　　　　图15-24

步骤13　按 Ctrl+T 快捷键，执行"自由变换"命令，右击，在弹出的快捷菜单中选择"变形"命令，调整睫毛的形状，使其与眼睛形状吻合，如图 15-25 所示。调整完毕后按 Enter 键，完成调整，效果如图 15-26 所示。

步骤14　执行"图层 > 图层样式 > 颜色叠加"命令，设置颜色为棕色，"不透明度"为 42%，如图 15-27 所示。单击"确定"按钮结束操作，如图 15-28 所示。使用同样的方法制作底部的睫毛效果，如图 15-29 所示。

步骤15　执行"图层 > 新建调整图层 > 色相 / 饱和度"命令，设置"饱和度"为 -59，如图 15-30 所示。为其蒙版填充黑色，使用白色画笔在眼睛浑浊的部分进行单击，如图 15-31 所示。

步骤16　载入色相 / 饱和度调整图层蒙版选区，继续创建曲线调整图层，调整曲线的形状，如图 15-32 所示。效果如图 15-33 所示。

图15-25　　　　　　　　　　图15-26

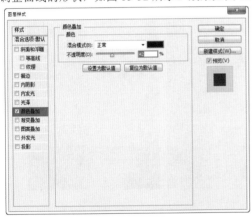

图15-27　　　　　　　　　　　图15-28　　　　　　　　　　　图15-29

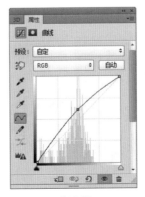

图15-30　　　　　　　图15-31　　　　　　　图15-32　　　　　　　图15-33

步骤17　新建图层，设置前景色为蓝色，绘制瞳孔形状，如图 15-34 所示。设置其"混合模式"为"柔光"，"不透明度"为

65%，如图 15-35 所示。

步骤18 ▶ 创建可选颜色调整图层，设置"颜色"为红色，"黄色"为 -34%，如图 15-36 所示。使用黑色画笔在可选颜色调整图层蒙版中绘制嘴部以及眼睛部分，如图 15-37 所示。

图15-34 　　　　　　　图15-35 　　　　　　　图15-36 　　　　　　　图15-37

步骤19 ▶ 创建曲线调整图层，调整曲线形状，如图 15-38 所示。效果如图 15-39 所示。

步骤20 ▶ 置入嘴部的素材"3.png"，将其置于画面中合适的位置，并栅格化，如图 15-40 所示。为其添加图层蒙版，使用黑色画笔擦除多余的部分，如图 15-41 所示。

图15-38 　　　　　　　图15-39 　　　　　　　图15-40 　　　　　　　图15-41

步骤21 ▶ 创建色相／饱和度调整图层，设置"色相"为 -10，效果如图 15-42 所示。

步骤22 ▶ 置入眉毛的素材"4.png"并使用同样的方法进行处理，效果如图 15-43 所示。最终效果如图 15-44 所示。

图15-42 　　　　　　　图15-43 　　　　　　　图15-44

15.2 喜庆中式招贴

实例文件	案例文件\第15章\喜庆中式招贴.psd
视频教学	视频教学\第15章\喜庆中式招贴.flv
难易指数	★★★★★
技术要点	图层混合模式、不透明度

扫码看视频

实例效果

本例主要通过设置"图层混合模式"及"不透明度"制作背景部分，然后通过"样式"面板为文字添加样式。最后使用"图层样式"命令为其他文字添加样式，制作出喜庆中式风格的招贴，如图15-45所示。

图15-45

操作步骤

步骤01 使用新建快捷键 Ctrl+N 打开新建窗口，新建一个宽度为2480 像素，高度为1711 像素的新文件，如图 15-46 所示。将前景色设置为红色，使用前景色填充快捷键 Alt+Delete 将"背景"图层填充为红色，如图 15-47 所示。

图15-46

图15-47

步骤02 将素材"1.png"置入文件中，摆放在画布的左上角，并将其栅格化。设置该图层的混合模式为"正片叠底"，"不透明度"为 30%，如图 15-48 所示。效果如图 15-49 所示。

图15-48

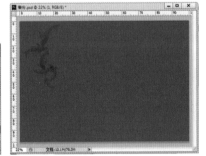
图15-49

步骤03 单击工具箱中的"横排文字工具"按钮，在选项栏中设置一个合适的字体，文字大小为 140 点，文字颜色为黑色。设置完成后，在画布中单击插入光标并输入"福"字，如图15-50 所示。选择该文字图层，设置该图层的混合模式为"正片叠底"，"不透明度"为 15%，如图15-51 所示。文字效果如图 15-52 所示。

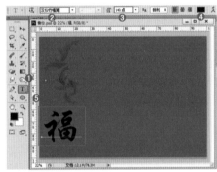

图15-50

图15-51

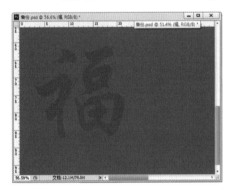
图15-52

步骤04 选择该文字图层，执行"编辑 > 变换 > 垂直翻转"命令，可以看见"福"倒了，如图 15-53 所示。使用同样的方法，利用"直排文字工具" IT，制作背景部分的其他文字，效果如图 15-54 所示。

步骤05 制作背景处的花朵装饰。单击工具箱中的"椭圆工具"按钮○，在选项栏中设置绘制模式为"形状"，"填充"为红色，"描边"为黄色，"描边宽度"为 6 点，设置完成后在画布的右上角绘制椭圆形状，并利用画布的边缘将椭圆的一部分进行隐藏，如图 15-55 所示。将牡丹花素材"2.png"置入文件中，将其放置在右上角的位置上，并将其栅格化，如图 15-56 所示。

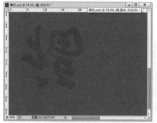
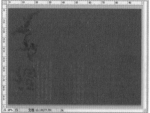

图15-53　　　　　　　　　　　图15-54

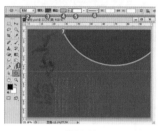
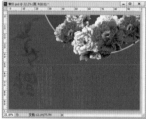

图15-55　　　　　　　　　　　图15-56

步骤06 将"牡丹花"图层作为"内容图层"，形状图层作为"基底图层"创建剪贴蒙版。选择"牡丹花"图层，执行"图层 > 创建剪贴蒙版"命令，为该图层创建一个剪贴蒙版。效果如图 15-57 所示。使用同样的方法，制作左下角的装饰。制作完成后，设置"内容图层"（也就是花朵所在的图层）的混合模式为"柔光"，效果如图 15-58 所示。背景部分制作完成。

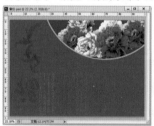

图15-57　　　　　　　　　　　图15-58

步骤07 使用"横排文字工具"在画布中输入文字，如图 15-59 所示。下面使用"样式"面板，为文字添加图层样式。选择"窗口 > 样式"命令，打开"样式"面板。单击"菜单"按钮 ，在下拉菜单中执行"载入样式"命令，在弹出的"载入"面板中将素材"4.asl"进行载入，如图 15-60 所示。

步骤08 选择文字图层，继续单击该样式按钮，可以看见文字被快速赋予了样式，如图 15-61 所示。

步骤09 制作文字上的"镀金"效果。置入金素材"5.jpg"，放置在文字图层上方，并将其栅格化。选择"金"图层，执行"图层 > 创建剪贴蒙版"命令，将该图层作为"内容图层"，文字作为"基底图层"，创建剪贴蒙版。文字效果如图 15-62 所示。使用同样的方法，制作其他几处文字部分，如图 15-63 所示。

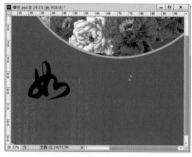

图15-59　　　　　　　　　　　图15-60

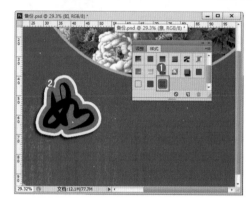

图15-61

图15-62　　　　　　　　　　　图15-63

步骤10 将素材"6.png"置入文件中，将其栅格化，如图 15-64 所示。选择该图层，执行"图层 > 图层样式 > 描边"命令，设置"大小"为 30 像素，"位置"为"外部"，"混合模式"为"正常"，"不透明度"为 100%，"颜色"为黄色，如图 15-65 所示。描边效果如图 15-66 所示。

图15-64

图15-65　　　　　　　　　　　图15-66

步骤11 继续在画面中输入相应的文字并添加合适的"描边"样式。最后将素材"5.png"置入文件中，摆放至合适位置，本案例制作完成。效果如图 15-67 所示。

图15-67

15.3 果味饮品创意海报

实例文件	案例文件\第15章\果味饮品创意海报.psd
视频教学	视频文件\第15章\果味饮品创意海报.flv
难易指数	★★★★★
技术要点	渐变工具、画笔工具、图层混合模式

实例效果

本例主要使用渐变工具、画笔工具和图层混合模式等制作果味饮品创意海报，如图15-68所示。

操作步骤

步骤01 新建文件，单击工具箱中的"渐变工具"按钮，在选项栏中设置合适的渐变颜色，设置渐变类型为线性，如图 15-69 所示。在画面中自下而上拖曳绘制渐变，如图 15-70 所示。

步骤02 新建图层，在选项栏中编辑橘黄色系的渐变，设置渐变类型为径向，如图 15-71 所示。在画面中由中心向四周拖曳渐变，设置图层的"混合模式"为"正片叠底"，如图 15-72 所示。效果如图 15-73 所示。

图15-69

图15-71

图15-68

图15-70

图15-72

图15-73

步骤03 新建文件，使用画笔工具设置前景色为淡黄色，在画面中右击，选择一个圆形柔角画笔，设置画笔"大小"为"1200 像素"，"硬度"为 0%。在画面中心绘制圆形，如图 15-74 所示。将素材"1.png"置于画面中合适的位置，并将其栅格化，如图 15-75 所示。

步骤04 将瓶子素材"2.png"置于画面中合适的位置，将其栅格化，如图 15-76 所示。复制瓶子素材，置于原图层底部，按 Ctrl+T 快捷键对其执行"自由变换"命令，将中心点移至如图 15-77 所示的位置，右击，在弹出的快捷菜单中执行"垂直翻转"命令，如图 15-78 所示。

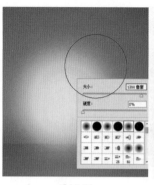

图15-74　　　　　　　图15-75　　　　　　　图15-76　　　　　　　图15-77　　　　　　　图15-78

步骤05 选中瓶子倒影图层，单击"图层"面板底部的"添加图层蒙版"按钮为其添加图层蒙版，使用黑色柔角画笔在蒙版中绘制底部的区域，并设置该图层的"不透明度"为60%，如图15-79和图15-80所示。

步骤06 对饮料中央区域进行提亮，执行"图层 > 新建调整图层 > 色相 / 饱和度"命令，在"图层"面板顶部创建调整图层，设置"色相"为21，如图15-81所示。使用黑色填充蒙版，并使用白色画笔在瓶子上半部分进行涂抹，选中调整图层，右击，在弹出的快捷菜单中执行"创建剪贴蒙版"命令，如图15-82所示。此时可以看到瓶子中央被提亮，使饮料产生通透的效果。效果如图15-83所示。

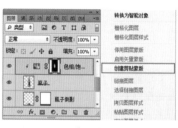

图15-79　　　　　　　图15-80　　　　　　　图15-81　　　　　　　图15-82　　　　　　　图15-83

步骤07 置入水素材"3.jpg"，将其置于画面中合适的位置，并执行栅格化命令。设置其"混合模式"为"滤色"，如图15-84所示。效果如图15-85所示。

步骤08 置入橘子素材"4.png"，将其置于画面中合适的位置并栅格化，如图15-86所示。下面需要制作橘子的倒影，复制"橘子"图层，执行"自由变换"命令，制作橘子的倒影部分，单击"图层"面板底部的"添加图层蒙版"按钮，为其添加图层蒙版，使用黑色画笔在蒙版中绘制底部区域，设置其"不透明度"为47%，如图15-87所示。效果如图15-88所示。

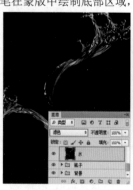

图15-84　　　　　　　图15-85　　　　　　　图15-86　　　　　　　图15-87　　　　　　　图15-88

步骤09 置入其余水果素材文件"5.png"，用同样的方法制作其他的水果及其倒影，如图15-89所示。置入光效素材"6.png"，将其置于画面中合适的位置，将其栅格化。设置其"混合模式"为"叠加"，如图15-90所示。效果如图15-91所示。

步骤10 新建图层，设置前景色为深红色，使用较大的圆形柔角画笔在四角处绘制，如图15-92所示。执行"图层 > 新建调整图层 > 曲线"命令，创建曲线调整图层，调整曲线形状，最终效果如图15-93所示。

图15-89

图15-90

图15-91

图15-92

图15-93

15.4 绘制精灵光斑人物

实例文件	案例文件\第15章\绘制精灵光斑人物.psd
视频教学	视频文件\第15章\绘制精灵光斑人物.flv
难易指数	★★★★★★
技术要点	混合模式、调整图层、定义画笔预设

扫码看视频

图15-94

实例效果

本例主要是使用混合模式、调整图层、定义画笔预设命令绘制精灵光斑人物，效果如图15-94所示。

操作步骤

步骤01 打开背景素材文件"1.jpg"，如图15-95所示。置入前景人像素材"2.png"，并将其摆放在画面右侧，将其栅格化，如图15-96所示。此时可以看到人像颜色感较弱，并且与当前画面光感不统一，下面需要对人像进行处理。

图15-95

图15-96

步骤02 调整人像服装颜色，执行"图层 > 新建调整图层 > 可选颜色"命令，设置"颜色"为红色，"青色"为57%，"洋红"为49%，"黄色"为-100%，如图15-97所示。设置"颜色"为中性色，"黄色"为-22%，如图15-98所示。为了使该调整图层只对人物服装起作用，需要选择该调整图层，右击并执行"创建剪贴蒙版"命令，为人像创建剪贴蒙版，使用黑色画笔在调整图层蒙版中涂抹人物皮肤部分，此时服装

部分变为紫色，如图15-99所示。

图15-97

图15-98

图15-99

步骤03 调整人像肤色。继续创建"可选颜色"调整图层，设置"颜色"为红色，调整"洋红"为19%，"黄色"为43%，"黑色"为-33%，如图15-100所示。设置"颜色"为黄色，调整"青色"为-20%，"黄色"为15%，"黑色"为-40%，如图15-101所示。单击██按钮，使之只对人像图层起作用，继续使用黑色画笔涂抹人像皮肤以外部分，如图15-102所示。

步骤04 适当提亮人像暗部区域，执行"图层 > 新建调整图层 > 曲线"命令，调整曲线的形状，单击██按钮，使之只对人像图层起作用，如图15-103所示。使用黑色画笔在调整图层蒙版中绘制人像暗部以外的区域，效果如图15-104所示。

图15-100

图15-101

图15-102

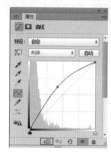
图15-103

图15-104

步骤05 进一步提亮暗部，再次创建曲线调整图层，用同样的方法提亮选区部分，单击 🗺 按钮，使之只对人像图层起作用，如图 15-105 和图 15-106 所示。

图15-105

图15-106

步骤06 置入瞳孔素材"3.png"，将其摆放在人像瞳孔处，并执行栅格化命令，如图 15-107 所示。设置其"混合模式"为"叠加"，并擦除多余的部分，如图 15-108 所示。

图15-107

图15-108

步骤07 为了增强瞳孔效果，复制瞳孔图层置于其上方，设置其"不透明度"为75%，如图 15-109 所示。使用同样的方法制作左眼的瞳孔效果，如图 15-110 所示。

步骤08 制作唇彩。新建图层，设置前景色为橙色，使用画笔工具在嘴唇部分绘制，设置该图层的"混合模式"为"正

片叠底"，效果如图 15-111 和图 15-112 所示。

图15-109

图15-110

图15-111

图15-112

步骤09 置入面部装饰素材"4.png"，并将其摆放于画面中合适位置，执行栅格化命令。为了使画面更具有立体感，执行"图层 > 图层样式 > 投影"命令，设置颜色为黑色，"不透明度"为 100%，"角度"为 30 度，"距离"为 1 像素，"大小"为 1 像素，如图 15-113 所示。效果如图 15-114 所示。

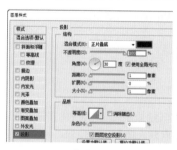
图15-113

图15-114

步骤10 制作人像周围的光效。使用"钢笔工具"在画面中绘制闭合路径，如图 15-115 所示。然后打开画笔预设选取器，选择一种圆形硬角画笔，设置"大小"为 10 像素，如图 15-116 所示。

图15-115
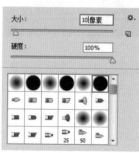
图15-116

步骤11 新建图层组"光带"，设置混合模式为"滤色"，如

图 15-117 所示。在组中新建图层，右击，在弹出的快捷菜单中选择"描边路径"命令，在弹出的对话框中设置"工具"为画笔，如图 15-118 所示。单击"确定"按钮结束操作，效果如图 15-119 所示。

 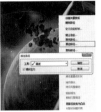 

图 15-117 　　　　图 15-118 　　　　图 15-119

步骤12 按 Ctrl+Enter 快捷键将路径快速转换为选区，使用渐变工具在选项栏中设置蓝色到透明的渐变，设置绘制模式为线性，如图 15-120 所示。在选区内拖曳蓝色系渐变，如图 15-121 所示。为其添加图层蒙版，使用黑色画笔在蒙版中涂抹多余的部分，效果如图 15-122 所示。

图 15-120

图 15-121 　　　　　　　图 15-122

步骤13 执行"图层 > 图层样式 > 颜色叠加"命令，设置颜色为蓝色，如图 15-123 所示。选中"投影"复选框，设置颜色为紫色，效果如图 15-124 所示。

图 15-123 　　　　　　　图 15-124

步骤14 将绘制的光带定义为可以随时调用的画笔。隐藏光带以外的图层，如图 15-125 所示。执行"编辑 > 定义画笔预设"命令，在弹出的"画笔名称"对话框中输入画笔名称后单击"确定"按钮，如图 15-126 所示。

步骤15 单击"画笔工具"按钮，在画笔预设选取器中可以选择新定义的画笔，设置不同的前景色，多次绘制并进行适当变形，如图 15-127 所示。此时效果如图 15-128 所示。

图 15-125 　　　　　　　　　　　图 15-126

图 15-127 　　　　　　　图 15-128

步骤16 置入彩带素材"5.png"，并将其放置在"光带"图层组中。将其栅格化。新建图层，设置前景色为白色，使用较小的圆形硬角画笔工具，在画面中绘制白色光斑，如图 15-129 所示。

图 15-129

 技巧提示

绘制类似本例中不规则的散点光斑，可以借助"画笔"面板。在该面板的"画笔笔尖形状"中增大画笔间距，选中"形状动态"复选框，设置一定的大小抖动，选中"散布"复选框，设置一定的散布数值即可。

步骤17 对其执行"图层 > 图层样式 > 外发光"命令，设置"混合模式"为"叠加"，"不透明度"为 100%，颜色为橘黄色，"方法"为"柔和"，"大小"为 4 像素，如图 15-130 所示。效果如图 15-131 所示。

图 15-130 　　　　　　　图 15-131

步骤18 执行"图层 > 新建调整图层 > 曲线"命令，调整曲线的形状，如图 15-132 所示。使用黑色画笔在调整图层蒙版中涂抹画面中心的部分，制作暗角效果，如图 15-133 所示。效果如图 15-134 所示。

 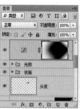 

图15-132　　　图15-133　　　　　图15-134

步骤19 继续创建曲线调整图层，调整 RGB 通道以及蓝通道曲线形状，如图 15-135 所示。效果如图 15-136 所示。

图15-135　　　　　　图15-136

步骤20 置入光效素材"6.jpg"，并将其摆放于画面中合适的位置，设置其混合模式为"滤色"，如图 15-137 所示。最终效果如图 15-138 所示。

图15-137

图15-138